情報化施工入門

建設情報とは何か

Aketo Suzuki

鈴木明人

工学図書株式会社

装幀＝薬師神デザイン研究所
本文ドローイング＝小川知紀

まえがき

　建設は安全で安心して住める都市・社会環境の構築と運営・維持管理を円滑に遂行するための工学である。情報化施工とはこのような建設工学の中で未解明な材料分野を解決するために始まり、今ではコンピュータ・通信ネットワークさらにソフトウエアいわゆるITと呼ばれる技術分野の進歩に支えられて、建設情報を統合的に利用して、合理的なプロジェクトマネジメント・建設企業経営・建設事業計画を可能にするジャンルに成長した。

　今ではごくポピュラーな言葉となった「情報」は、2003年から高等学校の授業の必須科目となっている。それ以前にも、一般の中学校・小学校でもコンピュータやネットワークの授業が行われてきた。つまり、「情報」が「国語」や「数学」と同じように教科として独立したのである。高等学校の「情報」の教科書や副読本を見ると、情報を得ること、情報の評価と決断、情報の信頼度と検証、問題解決のプロセス、情報の表現と変換方法、そして情報を科学的に取り扱うための伝達・記録・処理方法などが述べられている。

　建設施工における「情報」は、当初、未知の分野が多い「土質」「岩盤」という材料について、現場計測を繰り返し確認することから始まった。この計測結果を基に物性値を再評価し、設計を見直し、工事方法を決めるためである。そのために、計測結果をわかりやすく表現し物性値に変換すること、計測値を伝達するネットワークの作り方、記録としてデータベースへの保管方法などの研究が重ねられた。現場計測・物性値の再評価・設計の見直し・工事方法の決定という一連の経過をたどる施工方法は「観測施工」という言葉で表現されるが、この「観測施工」が対象とする工事分野は「山留め」や「トンネル」など岩や土を扱う部門であり、「情報化施工」はその発展形と位置づけられる。

　この「観測施工」の研究を進めていくと、「情報」を企業内で有効に利用することが重要なテーマとなってくる。その結果生まれたのが「組織指向型情報化施工」である。

　一番新しい情報が入る建設現場での情報を経営トップにあげる方法、既往の施工情報・新しい技術情報を建設現場にフィードバックする方法、データを有効な形で保管し全員が利用できるようにするためのデータベースの構築方法等の研究が進められ、「組織指向型情報化施工」の骨組みが完成した。

　企業内で必要とする情報には「土や岩」の情報のように工学的に決められるものだけでなく、日々変動していく資金の情報や人材の情報等、変数として取り扱わなければならないものが多い。ただしこれらの情報も常に現状がすぐにわかるようにしておけば十分に利用可能である。このデータをどのように扱うかは各企業の運営方法で変わってくるが、基本は上述のように現状がすぐにわかるようにしておくことであり、これには情報化施工の考え方が基本となる。

　情報化施工を述べた本には、基本事項の説明、事例報告、逆解析手法、今後のあり方などを

まえがき

多くの数式を使い説明したものが多い。本書は建設工学に知識を持たない人々にも理解されやすいように平易な文章でできる限り数式を減らして書いたものである。おそらく、これまでにこのような本は出版されていないと思う。

情報化施工の基本にあるものは建設の情報を得ること、それを適切に利用可能にすることである。そして得られた建設情報はプロジェクト全体の流れや企業組織の中で引き継がれていつでも利用可能にしておくことが重要である。また、これらの情報は適宜公開され人々が利用できるように整備されるべきものである。

建設情報が公開されると、なぜその構造物が必要か、どのような計画で、どのようにして作られていくのか、さらに利用段階で何をしなければいけないのか、どのような費用がかかるのか等の疑問を解く鍵が与えられる。そして人々に自分も建設の一翼を担っているとの自覚を呼び起こすことができるし、また、建設行為は都市・社会環境整備の根源であると認識してもらえる機会を供することになる。

建設構造物のクライアントは建設情報を持つことにより、計画した構造物の計画・設計・施工・維持管理の各ステージにおいて適切な判断ができるようになる。とりわけ完成後のファシリテイマネジメント（FM）や構造物の運営にとって、それまでに得られた建設情報は有効な基礎となる。

設計者やコンサルタントは正確で豊富な建設情報を持てば、クライアントに代わって行う業務を適切に実施できるようになる。

建設業者は建設実績とそのデータを所有していれば、次回からの受注が容易になる。現場で収集した正確なデータが情報として企業内を流通し利用されれば、企業の利益向上に非常に有効である。

このような情報化施工を推進すれば国内の建設業は事実に基づいた議論が中心となり、それにより明確な判断が可能となって活性化されるであろう。さらに国際化によって海外の建設業者が参入してきても、十分に対抗できるだけの体力がつくであろう。

最後に、建設工学を勉強する方々に、本書を参考に建設のプロセスをじっくりと学ぶことを提案したい。構造物ができあがる過程でいかに多くの人が関わり、いかに多くの業務が遂行されるかを知ることは勉学により一層の興味を与えると確信するからである。

本書は情報化施工・建設情報のアウトラインを示したものである。読者諸氏がこのアウトラインを拡充し、都市・社会環境の整備充実によりよく立ち向かうことができれば望外の喜びである。

2004 年 5 月 20 日
鈴木明人

【目　次】

□まえがき

第1章　情報化施工の歴史 …………………………………………………… 1

1.1　わが国の建設の歴史 …………………………………………………… 2
1.2　情報化施工のスタート ………………………………………………… 4

第2章　建設情報とその入手方法 …………………………………………… 9

2.1　各種建設構造物のライフサイクル …………………………………… 9
2.2　建設情報とは ………………………………………………………… 11
2.3　建設情報の収集と利用 ……………………………………………… 15
2.4　建設情報の入手方法 ………………………………………………… 20
　　2.4.1　自然情報の入手方法 ………………………………………… 20
　　　(1)　地盤情報の入手方法 ………………………………………… 21
　　　(2)　地下の調査 …………………………………………………… 22

第3章　観測施工から情報化施工へ ……………………………………… 25

3.1　建設施工とその問題点 ……………………………………………… 25
　　3.1.1　土と岩の物性 ………………………………………………… 25
　　3.1.2　わが国の建設施工の特徴 …………………………………… 27
　　3.1.3　複雑な地質 …………………………………………………… 27
3.2　工事における情報化施工 …………………………………………… 31
　　3.2.1　技術確立の背景 ……………………………………………… 31
　　3.2.2　観測施工 ……………………………………………………… 32
　　3.2.3　工事管理の自動化システム ………………………………… 32
　　3.2.4　知識ベース …………………………………………………… 33
　　3.2.5　データベース ………………………………………………… 33
3.3　情報の統合化に向けて ……………………………………………… 34
　　3.3.1　リアルタイムモニタリングシステム ……………………… 34
　　3.3.2　情報の統合化 ………………………………………………… 34

目　次

第4章　土を対象にした情報化施工　　39

4.1　山留めとその問題点　　39
4.1.1　山留め設計法　　41
　(1)　見かけの土圧を利用する方法　　41
　(2)　実際の土圧を使用する方法　　41
4.2　山留め計測　　42
4.2.1　計測管理　　42
4.2.2　日常管理　　44
4.3　山留め情報化施工　　46
4.3.1　山留め情報化施工の検討　　47
4.3.2　解析システムの紹介　　48
4.4　山留め情報化施工の成果　　51
4.4.1　逆解析　　51
4.4.2　山留め情報化施工の成果とその将来　　52

第5章　岩を対象にした情報化施工　　55

5.1　トンネルと地質調査　　55
5.1.1　トンネル掘削の目的　　55
5.1.2　トンネル設計と地質　　55
5.1.3　NATMトンネル工法　　56
5.1.4　地質調査　　58
5.2　設計手法　　58
5.2.1　標準支保パタ－ンの適用　　60
5.2.2　類似条件での設計の適用　　60
5.2.3　解析手法の適用　　62
5.3　トンネル情報化施工システム　　63
5.3.1　トンネル計測システム　　66
5.3.2　計測項目　　67
5.3.3　計測データのまとめ方　　68
5.3.4　フィードバックとトンネルデータベース　　68
5.4　トンネル情報化施工の成果　　71
5.4.1　地山特性曲線　　71
5.4.2　地山特性曲線と支保工　　72

第6章　遠隔モニタリング管理　　77

6.1　遠隔モニタリング管理とその問題点　　77

6.2　可視化方法と解決策 ……………………………………………………… 78
　6.2.1　対象工事 ………………………………………………………… 78
　6.2.2　モニタリング要領 ……………………………………………… 78
6.3　遠隔モニタリング計画 …………………………………………………… 79
　6.3.1　施工状況管理 …………………………………………………… 80
　6.3.2　切盛土の安定管理 ……………………………………………… 80
　　(1)　法面安定管理 …………………………………………………… 80
　　(2)　盛土安定管理 …………………………………………………… 81
　6.3.3　環境管理 ………………………………………………………… 81
　6.3.4　現地計測データのモニタリング ……………………………… 81
　6.3.5　遠隔モニタリングシステムの構成 …………………………… 83
　　(1)　システム構成と伝達図 ………………………………………… 83
　　(2)　施工状況報告フロー …………………………………………… 84
6.4　遠隔モニタリング管理の適用結果 ……………………………………… 85

第7章　環境モニタリング …………………………………………………… 89

7.1　水環境の調査法と問題点 ………………………………………………… 89
　7.1.1　地下水調査法 …………………………………………………… 89
　7.1.2　地下水調査の問題点 …………………………………………… 91
7.2　水環境モニタリング ……………………………………………………… 92
　7.2.1　地表観測計画 …………………………………………………… 92
　　(1)　地表部観測 ……………………………………………………… 92
　7.2.2　坑内観測 ………………………………………………………… 94
　　(1)　坑内での湧水量測定 …………………………………………… 95
　　(2)　切羽地質観察 …………………………………………………… 97
7.3　環境モニタリングデータ管理・表示システム ………………………… 97
　7.3.1　データ管理・表示システム …………………………………… 97
　7.3.2　観測データ管理のための予測解析 …………………………… 98
　　(1)　線形フィルター法 ……………………………………………… 98
　　(2)　タンクモデル …………………………………………………… 99
　　(3)　水収支解析 ……………………………………………………… 99
7.4　環境モニタリングの成果 ………………………………………………… 101
　7.4.1　線形フィルター法およびタンクモデル ……………………… 101
　7.4.2　水収支解析 ……………………………………………………… 101
　7.4.3　水環境モニタリングの今後 …………………………………… 101

第8章　情報化施工から国土建設に向けて ………………………………… 103

8.1　防災情報の取得 …………………………………………………………… 103

8.1.1　自然災害 …………………………………………………… 104
　　8.1.2　地震 ………………………………………………………… 104
　　8.1.3　火山による被害 …………………………………………… 105
　　8.1.4　地滑りによる被害 ………………………………………… 106
　　8.1.5　洪水 ………………………………………………………… 106
　8.2　防災情報ネットワーク …………………………………………… 107
　8.3　もうひとつの安全に向けて ……………………………………… 107
　　8.3.1　日本経済復活論 …………………………………………… 107
　　8.3.2　日本海情報ハイウェイ …………………………………… 108

第9章　情報化マネジメント ……………………………………… 111

　9.1　組織 ………………………………………………………………… 111
　9.2　CALS/EC の活動 ………………………………………………… 111
　9.3　情報インフラ整備の拡大 ………………………………………… 112
　9.4　標準化の進展 ……………………………………………………… 113
　　(1)　CI-NET ……………………………………………………… 113
　　(2)　建設 IC カード ……………………………………………… 115
　　(3)　地理情報システム GIS ……………………………………… 116
　9.5　企業内情報 ………………………………………………………… 117
　　9.5.1　建設プロセスと企業の関わり …………………………… 118
　　9.5.2　プロジェクト指向情報化施工 …………………………… 119
　　9.5.3　組織指向統合情報化施工 ………………………………… 119

索引 ………………………………………………………………………… 121

□あとがき ………………………………………………………………… 129
（参考文献は各章末に所収）

第1章　情報化施工の歴史

　今から約700万年前に地球上に現れたといわれている人類は、外敵や自然の脅威から身を守るために洞窟等で暮らしていた。例えば紀元前2万年頃に作られたスペインのアルタミラ洞窟、紀元前1.5万年頃に作られたフランスのラスコー洞窟、少し時代が新しくなるが、紀元前3千年頃の中国のヤオトン洞窟などが名高い。やがて、収穫した食料を保存するため、度重なる氷河期を乗り切るために建物が必要となり、集団生活を営むようになると、祭祀や外敵への守りのためにより大きい構造物を作るようになった。現存する構造物のなかで寿命が長いもの、世界最古の石造構造物である紀元前2600年頃に作られたエジプトのピラミッド、紀元前2100年頃に日乾煉瓦で作られたイラクのウル神殿、紀元前200年頃に土で作られた中国の始皇帝陵、同じく紀元前200年頃に煉瓦で作られた万里の長城、時代は下って7世紀頃に日本で建立された木造の法隆寺金堂などを見ると、それぞれの地域で入手しやすい材料が用いられている。

　石灰岩で作られたピラミッドは4600年、大理石と天然コンクリートを多用して紀元前25年頃建造されたローマのパンテオンは2000年以上の長寿命を保っている。その他にも紀元200～500年に作られたローマのカラカラ浴場、紀元前20年頃に作られた南仏ニームへの給水路がガール川を越えるローマの給水橋で名高いガール橋、4世紀～13世紀に作られた中国の敦煌莫高窟など天然産出の材料で建設されたものは、尊重され手入れをされてきたこともあるが長い寿命を誇っている。

　それに対し近代の建築の主要材料は鉄骨と鉄筋コンクリートである。鉄骨構造では1889年のパリ万国博覧会開催時に建設されたエッフェル塔が名高い。当初パリの景観にそぐわないとされ1年で取り壊される計画であったが、その後の通信の発達により通信用鉄塔として利用され、100年以上を経ている。最近では、塔保存のための検討もなされているようである。鉄筋コンクリートでは、パリのサン・ジャン教会が1897年に建設され、これも100年以上経過した。

　自然材料を利用した石積構造のパリのノートルダム寺院が、1250年の建設からすでに750年を経てきていることと比較すると、近代の建設材料の寿命実績はまだ100年程度と短く、鉄筋コンクリートや鉄骨の強度劣化の進行程度は未解明の部分が大きい。だが、いずれにせよ、産業活動の活発化による空気汚染や、人口集中による建設適地の取得が困難になったことなどから、状況は今まで以上に厳しいものになると予想される。

　建築物の耐用年数は、わが国では不動産としての価値を計る法定寿命を「減価償却資産の耐用年数に関する省令」で定めており、事務所用建物の場合、鉄筋コンクリート造・鉄骨鉄筋コンクリート造で50年、れんが造で41年、木造24年であるが、近年、産業の大規模化とそれに伴う人口の都市集中が加速し、スクラップアンドビルド方式の建築は、その環境負荷があまりにも大きくなったため、寿命を延ばして環境への負荷を小さくすることが検討されるようになった。

第1章　情報化施工の歴史

　近代化が、欧米より100年遅れてスタートしたわが国は、第2次世界大戦で壊滅的な打撃を受けた後、公共投資で社会資本を整備してきた。国内総生産（GDP）に占める公的固定資本形成（IG）の割合の変遷を見ると、戦前は3％台（河川、国鉄、道路、港湾、農林業、治山、電信電話）だったものが、1945年以降は5％を超え、1970年代には10％近い数値を記録している。1980年代には財政再建路線の影響でいったん6％台に低下したが、1990年代のいわゆるバブル期には8％に上昇している。しかしながら、その後の経済の停滞、環境問題に関する社会意識の変化等により、公共投資は事前評価によって必要性が認められたもののみが実施されることとなり、今後IG/GDPの低下傾向は加速すると考えられる。建設冬の時代といわれる由縁である。さてここで、本書で取り上げる「情報化施工」の歴史を見る前に、わが国の建設の歴史を振り返ってみる。

1.1　わが国の建設の歴史

　明治維新による開国で、欧米からいっきに文明の波が押し寄せた日本は、1867年（明治5年）の新橋・横浜間の鉄道開通をかわきりに、1883年（明治16年）洋風建築の鹿鳴館の竣工、1886年より佐世保、横須賀、呉の軍港開設、1889年（明治22年）新橋・神戸間606kmの東海道線開通、1918年（大正7年）丹那トンネル着工、1934年（昭和8年）同開通等々、次々と国土の整備を進めた。また1923年（大正12年）に起きた関東大震災は耐震技術を開発する契機となり、昭和初期の軍部の台頭は軍需産業関連工事を生み出し、1950年（昭和25年）の朝鮮動乱がもたらした特需景気は、企業の投資意欲を刺激し、本格的なオフィスビルや不燃構造の工場の建設ブームを起こした。このような建築ブームにやや遅れて土木工事の分野では、電源開発の要求に応えて大規模な水力発電所やダムの建設が進められた。

　第2次世界大戦後の建設の一番大きな特徴は大型機械の導入である。人海戦術に頼っていた戦前の施工法を変えたのは、占領軍基地建設のためにアメリカから導入された新しい大型の機械であり、それがやがて大型の土木工事に利用されるようになった。ダンプトラック、ブルドーザ、パワーショベル、バッチャープラントなどはこの時代に導入されたものである。戦後の電源開発の代表例である黒部川第4発電所、通称「黒四」は日本アルプスといわれる立山連峰（剣岳、立山）と後立山連峰（白馬岳、鹿島槍）の両山系に挟まれた場所に位置し、古来秘境と呼ばれ人々の近づきにくい所であった。ここに発電所を作る計画は戦前から考えられていたが1956年（昭和31年）まで着工されることはなかった。しかるに着工後5年の1961年（昭和36年）一部発電開始、1963年（昭和38年）竣工した。これらの大型建設機械の利用がなければ10年以上は必要とした工事であった。1964年（昭和39年）には東京オリンピック開催に先立ち、羽田空港と都心を結ぶ高速道路ならびに東海道新幹線が開通した。

　昭和30年代には、耐震計算にコンピュータが使われるようになり、40年代になると、建設会社でも使われるようになった。1971年（昭和46年）「列島改造論」をかかげて田中首相が登場すると、道路、鉄道を中心に建設投資が飛躍的に増加し、このために地価と建設資材価格が高

騰した。1973年（昭和48年）第4次中東戦争の勃発を契機に発生した第1次オイルショックが招いた狂乱物価は日本経済をパニックにおとしいれ、その結果、実質総需要の伸びは戦後初めてマイナス成長となった。政府は物価鎮静を最優先とする総需要抑制策を採用し、計画中の新幹線、本州四国連絡橋、高速道路、東京湾横断道路、沖縄海洋博等の大型プロジェクトは軒並み延期された。また、金融引締め、公害問題や地価高騰による立地難、ビル建築規制などによって民間投資も低調となり、建設事業は冷え込んだ状況となった。

1978年（昭和53年）第2次オイルショックを迎えると、物価はふたたび上昇し、消費や投資が落ち込み、深刻な財政悪化が進んだが、凍結されていた本州四国連絡橋南北備讃瀬戸大橋の建設工事は着工された。

1986年（昭和61年）になると、日本の建設投資は大幅な伸びを見せはじめ、財政難で凍結されていた内需分野のプロジェクトが民間活力の導入により活性化された。それに伴い、建設需要も掘り起こされ民間建設投資が拡大した。史上最低の金利と極度の金融緩和、そして1988年（昭和63年）に5年ぶりのマイナスシーリングの撤廃、積極型財政への切り替えなどが背景となってオフィスの需要が激増し、貸家ブーム、マンションブームが連鎖して起こった。この時代の建設事業の伸びを支えたのは非製造業であり、オフィス、マンション、リゾート施設、ゴルフ場開発などが建設好況に拍車をかけた。

「バブル時代」といわれた1991年（平成3年）までの間で、わが国建設事業の記念すべき年となったのが1988年（昭和63年）である。この年、3月13日に青函トンネルが、4月10日に本州四国連絡橋児島・坂出ルートが開通した。青函トンネルは世界最長の海底トンネルであり、3本の本州四国連絡橋のうち南備讃瀬戸大橋（児島・坂出ルート）は道路・鉄道併用橋として世界一の長大吊橋である。

平成3年後半から、建設投資の勢いは減速に転じはじめた。この年を境にして、バブル期と比較すると、実質成長率は半分以下に落ち込んだ。

1995年（平成7年）1月の阪神・淡路大震災は災害史上戦後最大のものであり、かなりの数の耐震構造物が被害を受けたことに建設関係者は大きなショックを受けた。

関東大震災以降、わが国では耐震設計の研究・開発がさかんで、1989年に米国サンフランシスコを中心に発生したロマプリータ地震によりサンフランシスコの高速道路やビルが損傷を受けたときに、日本ではこのような被害は決して起こらないと豪語していた地震関係者や建設関係者は、直下型地震による予想外の被害に驚きの声をあげた。この阪神大震災では、高速道路が崩れ落ち、多数のビルが倒壊した。また、木造住宅密集地の火災が被害をいっそう大きなものにした。

21世紀を迎えたミレニアムの年2001年（平成13年）になると、時代は建設そのものより、環境保護や維持管理を求めるようになり、構造物のメンテナンス技術の開発、さらに工場跡地の再開発に伴い、跡地が化学物質等で汚染されている場合にそれを除去する土壌汚染防除技術の開発、環境保護と両立する建設技術の開発といった複合技術が要求されるようになった。

1.2 情報化施工のスタート

　以上、ごくおおざっぱに明治以降のわが国の建設の歴史を見てきたが、大型機械の導入とともに建設技術を大きく向上させた要因のひとつに情報化施工がある。

　情報化施工とは、設計された構造物に関し、設計時の想定が正しいものであったかを計測によって情報を収集しながら確認し、仮定していた物性値が違っていれば、それをフィードバックして再度検討を行い、正しいものにしていくプロセスを考えた施工法であり、土質工学の父といわれる米国のテルツアギー教授によって提唱されたものである。

　一般に構造物は地盤と接して作られる。建設材料が木材、鋼材、コンクリートなどの人工材料の場合には、材料の物性がはっきりしており設計も可能であるが、接する地盤には土（砂、砂利、粘土）と岩盤（硬岩、軟岩、破砕岩）の場合があり、これらは不均一で物性も変化していることが多い。そこで地盤に関する情報を確認しつつ工事を進める必要がある。

　テルツアギーは、1936年から1957年にかけて国際土質工学会の会長として活躍しており、学会の第1回会議は1936年に米国のハーバード大学で開かれているが、確立したのは1953年と記録されているから、この頃に情報化施工の原型である観測施工（observational construction）が提唱されたといえよう。

　わが国で土質工学を普及させた最上武雄は1985年の土質工学会誌で「体系と個」と題して、情報化施工を新しい研究の一分野として取り上げる必要を感じたとして次の一文を寄せている。若干長くなるが、これを引用する。

　《……テルツアギーおよび彼の門下は、テルツアギー体系を作り上げるのに力を尽くした。またその体系を実務に使って役に立つことを実証することに努め、1948年頃までには一応まとまったものを作り上げたのであった。……

　一応形を整えたテルツアギー体系も完全ではなく本質的な欠点さえ持っていたのでテルツアギー自身、晩年にいたって"情報化施工"によって強化することを示唆したのであった。

　かつて、大内二男氏が日比谷の日活会館建設の際（筆者注：1951年5月完成、日比谷日活国際会館、鉄骨造、地下部の鉄骨を地上で組んで沈ませるケーソン工法を採用、地下4階地上9階の当時最大の建物）、大型ケーソン工事について新機軸を出された。当時この工法を一般化した形で見る土質工学者がいたとすれば世界に先駆けて、多分テルツアギーよりも早く、情報化施工の考えに到達したろうとの想像説を、昭和57年に土質工学会九州支部で私が行った特別講演"土質力学の流れ"の講演前刷に書いた。早い遅いはとにかくとして、情報化施工は研究を加え発達させて、応用力学体系を範としたテルツアギー体系を包含する新体系の一つとしなければならないものと思われるのであるが、今日なお完成の域に至っているとは思えない。一つの体系が一応出来上がるにはかなりの時間を要するもので、テルツアギー旧体系の場合でも20年以上かかっているのだから、あせっても仕方あるまいと思われる。

　現在、計算機器、エレクトロニクス機器、建設機械などの種類も増え性能も向上して、以前なら到底出来なかったような工事が実施され成功を収めている。これらの仕事を担当している

技師たちは、過去によるべき実例を持たないため、然るべき実験研究は行うものの手探りで何らかの新規軸、新考案を出しつつ工事を行っているにちがいない。それらの新工法を —— 工事現場のものとしてでなく —— 一般化して新しい体系の出発点とすることが出来たならば土質工学の更に大きい飛躍が期待されるのではあるまいか。工事に直接従事している技師達は担当する工事を完成させる喜びを持ってはいるが、……彼らに代わって工法や工事経過を整理考察して新体系の芽が発見出来たならば実験室の研究と一味異なった研究となりうるだろう。学制改革後時もたち研究者の層も厚くなっているのだから、実験室内の在来形式の研究ばかりでなく現場との提携による新型の研究法を創造しても良いのではあるまいか》

この最上の感想は現在にも残された問題を提起している。日本では多くの情報化施工の実施例があるが、トンネルNATMを除くと観測データがいまだに統合的に生かされておらず、彼のいう新型の研究はいまだ結実していない。

わが国は1950年11月にこの国際学会に加入し、1954年には土質工学会（現在の地盤工学会）が設立されている。

土質工学についての研究が情報化施工を生み出したのは、土の性質が掴みにくいため現地での観測がなされないと判断が困難であるとわかったためである。実験等により土の物性を推定して計算・設計を行うが、この土の性質はあくまで実験時の情報であり全体を代表していないことが多い。粘土と考えていた地盤が砂であったならば物性値はまるで違うものになり設計変更が必要となるのであるから、現場で実際に土を掘削・移動する際に全体の状態を確認するのは基本である。

このように観測を重視して常に現実に適合した地盤の物性を考えていくことにより構造物基礎などの事故が減らせるので現場重視が提言されるのである。

岩盤に関しては、1962年に国際岩の力学会議（略称ISRM）が設立され、レオポルド・ミュラー（オーストリア）が初代会長についた。米国のグッドマンは、その著『岩盤力学』という教科書の序論で、「岩盤力学（Rock Mechanics）」という学問が学問的体系をとりはじめたのは1960年代であると指摘している。さらに彼は下記のように述べている。

《この「岩盤力学」は、岩の特性を取り扱い、岩盤や岩石に関する設計・施工・採鉱などの作業に必要な方法を検討するものである。岩は自然に存在、あるいは産出する材料のため、他の工学分野で使用される材料と著しく異なっており、そのため岩盤を対象とする"設計"は非常に特殊なものとなる。例えば、鉄筋コンクリートを取り扱う場合、まず外力を計算し、所要の強度から材料の成分を決め、最後に構造物の形を定める。しかし岩盤構造物においては、外力は初期応力の再配分によって決まることが多い。したがって、岩盤構造物は多くの破壊モードを持つと考えられるため、材料の"強度"の設定に際し、多くの判断を要し、さらに計測を必要とすることが多くなる。また、原位置での岩盤構造物の形状は地質条件によって影響され、設計者の自由になることはない。こうした理由により、岩盤は地質学や地質工学と密接な関係にあって、この方面の知識を欠いては十分に理解できないものである》

我々の生活における「岩」との関わりは有史以前にさかのぼる。矢じり・道具類・つぼ等は

第1章　情報化施工の歴史

岩を使い、砦・住居やトンネルも岩の中に作られてきた。紀元前1200年頃に作られたエジプトのアブシンベル宮殿や先に述べたピラミッドのような構造物や彫刻には、岩を選び、切りだし、そして加工して利用する洗練された技巧が使われている。18～19世紀に入ると、鉱山の採鉱・換気・排水、水道、運河あるいは鉄道のために多くのトンネルが掘削されている。

岩盤力学の対象とする岩は、硬岩の場合には掘削が困難であり、軟岩や亀裂を持つ岩の場合には変形を起こしやすいといった複雑な性質を持っている。岩盤上に構造物を建設した際の問題点は数々の事故として現れ、これらの事故を通して岩盤の研究が進んできた。特にダムにおいては大事故が発生しており、一例として、1959年に起きたフランスのマルパッセアーチダムの破壊があげられる。これは、ダム直下の断層と節理に囲まれた岩塊の移動に原因があった。不連続面によって囲まれたくさび型の岩塊が動いて、コンクリートのアーチダムの破壊を引き起こしたのであった。

岩盤内に存在する割れ目の応力解放時の影響は、その割れ目の面に直交する方向の引っ張り強度をほぼゼロにまで低下させ、割れ目に平行な方向のせん断強度も低下させてしまうことである。そして割れ目がある方向に規則的に分布している場合には、岩盤の強度も、他の特性と同じように著しい異方性を示す。例えば、層理面に対し斜め方向に載荷されたときの支持力は、層理面に垂直または平行に載荷されたときの支持力の半分あるいはそれ以下である。多くの岩は、その造岩鉱物特有の方向性や応力履歴に起因する方向性のため不連続面がなくても異方性を示す。さらに、これらの不連続面の大きいものに断層があるが、1963年に起きたイタリアのバイヨントダムの惨事は、突発した大規模な地滑りにより多量の岩塊が貯水池になだれ込んだことによって発生した。異常な高水位となってあふれた多量の水が下流に住む2,000名以上の人命を奪った事件である。地滑りの原因は、基礎岩盤周辺に存在していた断層にダムが貯水することによって水が供給され、断層の強度低下が起きたことにある。この地滑りにより、2,500万m^3の水が溢れ下流の村に流れこんだ。

このような大事故の発生を契機に岩盤の研究は活発になった。ISRMが設立されてからすでに40年を経過したが、岩盤を用いた構造物の事故はなくなっていない。1996年、北海道の豊浜トンネルの崩落事故は記憶に新しい。坑口付近で体積1万m^3重量27,000トンの岩塊が崩れ落ち、路線バス1台、乗用車2台を押しつぶし、20名の人命が失われた。この原因も、岩盤に内在する不連続な亀裂が、地下水の影響、自重、地下水圧、永結圧等によって伸展し、たがいに連続することによって発生したものと推定された。

以上述べたように、土質工学においても、また岩盤工学においても現地での調査、観測、計測を含む情報化施工が重要な役割を担うことは明らかである。

参　考　文　献

1) 朝日新聞記事：700万年前最古の猿人化石，2002.7.11
2) アントニオ・ベルトラン他著/大高保二郎他訳：アルタミラ洞窟壁画，岩波書店，2000.1

第 1 章　情報化施工の歴史

3）フランス政府文化省：ラスコー壁画のホームページ La grotte de Lascaux, http://www.culture.gouv.fr/culture/arcnat/lascaux/fr
4）マーク・レーナー著/内田杉彦訳：ピラミッド大百科，東洋書林，2001
5）吉村作治：ピラミッド学，集英社，2001
6）日本建築学会編：新訂建築学大系 5 西洋建築史，彰国社，1971.5
7）Spiro Kostof: A History of Architecture Settings & Rituals, Oxford University Press, 1985
8）中川武：世界宗教建築事典，東京堂出版，2001.9
9）浅野清：昭和修理を通して見た法隆寺建築の研究，中央公論美術出版，1983.4
10）大成建設土木史編集委員会：大成建設土木史，大成建設，1998.3
11）関西電力建設部：黒部川第 4 発電所，ダイヤモンド社，1965.9
12）建設経済研究所：日本経済と公共投資，No.38，2002.2
13）日本鉄道建設公団：津軽海峡線工事誌，1990.3
14）本州四国連絡橋公団第二建設局編集：本州四国連絡橋　児島・坂出ルート，海洋架橋調査会，1988
15）大成建設㈱：阪神大震災調査速報，大成建設，1995.2
16）最上武雄：体系と個，土と基礎，p.327，1985 年 4 月号
17）グッドマン著/大西有三訳：わかりやすい岩盤力学，鹿島出版会，1984.11
18）カールス・エガー著/北原義浩訳：マルパッセ報告書，発電水力 65，1963
19）土木学会：ダムの地質調査，1977
20）豊浜トンネル事故調査委員会編：豊浜トンネル事故調査報告書，1996.8

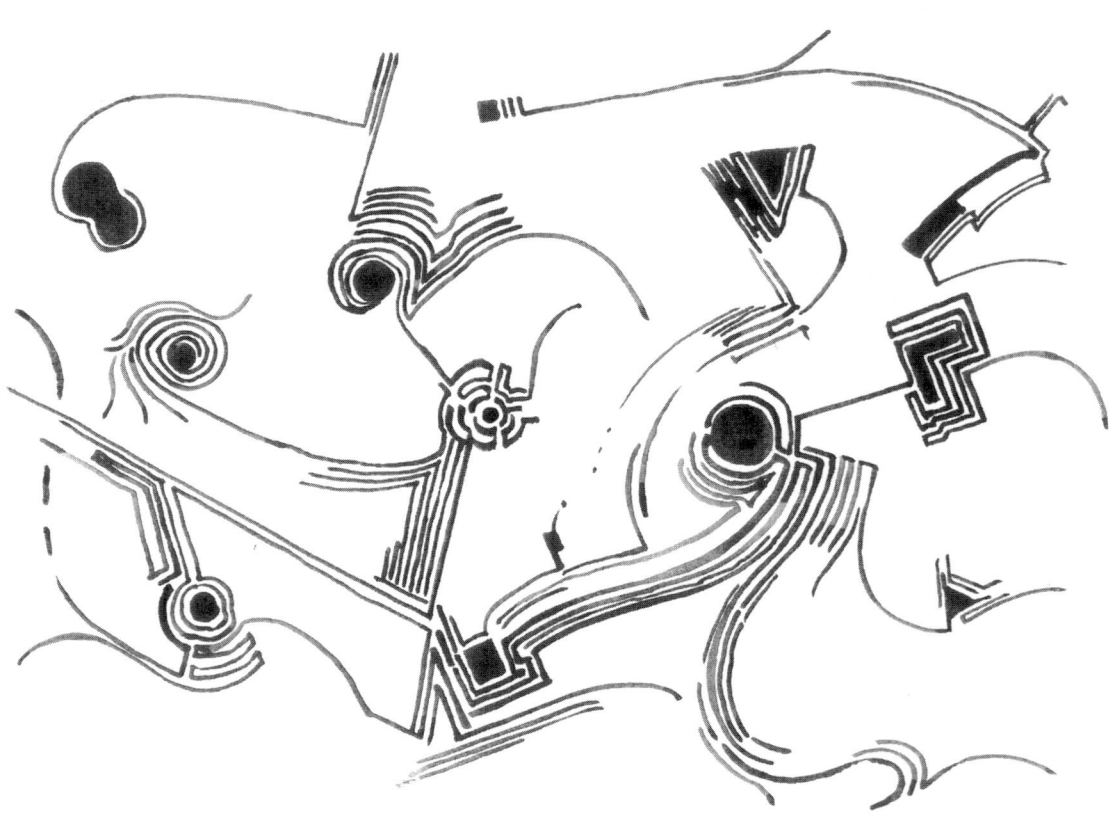

第2章　建設情報とその入手方法

　今からちょうど50年前、英国人ヒラリーとシェルパのテンジンの2人がエベレストの初登頂に成功した。英国は国の威信をかけてエベレスト遠征隊を送り出しており、登頂成功の知らせは、タイミングよく、エリザベス女王の戴冠式の当日に英国本土に到着して、式をよりいっそう華やかに喜ばしいものとした。登頂成功という輝かしい情報を有効に伝達した好例である。

　今では、50年の実績に裏付けされて、エベレスト（現地名でサグルマタ、中国名でチョモランマ）登山隊の情報収集も楽になったが、登山のための情報収集は登頂の成否を決める大事な鍵である。

　登山隊が知りたいのは、気象情報（いつ登頂できるか）、交通情報（山までの交通手段、時には道路の有無）、食料の調達情報（現地で食料の入手が可能か）、隊荷を担ぐローカルポーターを集められるか、賃金はいくらか、宿泊施設の有無、機材は何が必要か、等々についての情報であり、またロジスティック、すなわち後方支援についての情報が重要である。

　日本人として2度目にエベレストに登頂した建設会社勤務の石黒久によれば、建設プロジェクトは登山によく似ており、建設計画遂行には、登山の場合と同じように、情報を収集し、その情報をベースに計画を立案する楽しみがあるという。

　石黒は海外のプロジェクトを多く担当しているが、海外での工事には、現地の地形・地質・海象・気象などの自然情報の入手、政治情勢の確認、通貨変動の予測、労働者の供給状況、機材の入手から整備工場の有無、建設資材の供給状況および品質のチェック、もしすべてが不足ならば日本国内や近隣諸国からの輸入手配、納期の確認など日本国内の工事以上に情報を的確に入手して計画しなければならないので、登山の遠征隊を構成して派遣するより面白い、とも述べている。

2.1　各種構造物のライフサイクル

　建設事業とは、社会、経済の要求に応じて構造物を作ることであるが、それらの構造物は何を目的に作られたのか、完成後、どのように利用されるのか、下記の五つの構造物を例に取り上げる。

(1)　わが国の北海道と本州を結ぶ青函トンネル。津軽海峡を安全に往来できるようにするために建設され、連絡船に代わり、旅客・物資の輸送に使われている。

(2)　イギリスとフランスの両国を接続する英仏海峡トンネル。欧州連合（EU）が一体となって人々の交流が可能になるようにと建設された。この英仏海峡トンネルの構想は、ナポレオンの頃から存在していたが、英仏両国の利害が一致せず、また、建設技術も未熟であったため着工

までに190年以上の年月を要している。

(3) わが国の瀬戸大橋。本州の人々と四国の人々が安全に交流できるようにするという目的で計画され建設された。瀬戸大橋は列車と自動車の両方が往来できるように作られている。

(4) オークランドベイ橋。アメリカ西部カリフォルニア州のサンフランシスコとオークランドのあいだに架かる橋で、ゴールドラッシュに沸くカリフォルニア州において、サンフランシスコの人々が住環境のよい後背地オークランドへ行くために作られた。この橋は供用されてから67年を経ており、サンアンドレス断層の滑動による地震で被害を受けたが、補修をされ現在もその役目を果たしている。

(5) ブラジル国の首都ブラジリア。これはトンネルや橋とは違う都市という施設である。多くの都市が自然発生的にできたのに比べ、ブラジリアは人工的に作られた都市として有名である。今から約250年前の1750年、イタリア出身の地図製作者フランシスコ・トッシ・コロンビーナが、現在ブラジリアが在るゴイアス州の中央高地の一角を首都候補地に選定し、その時から首都移転の歴史が始まったという。当時ブラジルはポルトガルの支配下にあり、首都は東北部沿岸のサルヴァドールに置かれていた。しかし、ポルトガルは、スペインをはじめとする列強のブラジル進出を危惧して国防上の理由から首都（総督府）を中央高地に移転させることを計画した。こうして、首都は「海岸から1,000km以上離れた内陸の地」という思いがブラジル人の心の中に刻み込まれたといわれている。このような内陸の地に建設されたブラジリアは、1960年の首都移転以来43年を経て、「秩序だった効率のよい仕事ができる」「活気があって快適で、空想や知的な思索にも適している」「時間がたてば、ただ行政管理機能が位置している場所とい

表2-1　大プロジェクトの時間経過

プロジェクト名称	1800年	1850年	1900年	1950年	2000年・2003年	備考
青函トンネル			1923 素案 23年　調査 18年	建設 24年　供用 15年		
英仏海峡トンネル	1751　　素案 129年			調査(設計) 66年　建設 11年	供用 8年	
瀬戸大橋			1989 素案 51年	計画 13年　調査(含設計) 21年　建設 11年	供用 15年	(休止期間を除く)
オークランドベイ橋		1872 素案 52年	調査 5年　設計 4年　建設 3年	供用 67年		
首都ブラジリア	1822	素案 67年	計画 45年	調査 9年　設計 1年　建設 4年	供用・発展 43年	(休止期間を除く)

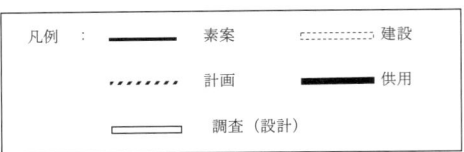

凡例： ── 素案　　┈┈┈ 建設
　　　 ┅┅┅ 計画　　━━ 供用
　　　 ▭▭ 調査（設計）

うだけでなく、質の高い文化の中心地ともなる」と建築家ルシオ・コスタ（ブラジル）が述べた通りの都市となって現在に生きている。

　以上取り上げた世界的に有名な5つの構造物はそれぞれ目的をもって作られたが、完成後はその機能が有効に生かされているかが問われている。
　表2-1に、上記5大プロジェクトのライフサイクルを、素案作成、計画、調査（設計）、施工、供用（維持管理）と別けて、それぞれの構造物がどのような歴史を経てきたかを示した。
　「情報化施工」は、計測によって情報を収集、確認しながら、地盤の物性値の変化に応じて設計変更を行い、正しいものにしていくプロセスを考えた施工法であると前述したが、「大プロジェクトの時間経過」を検討すると施工本位が見てとれ、はたしてこれでよいのかという疑問がわいてくる。「施工された構造物」が正しい機能を維持して長い年月利用され、必要なときに適切な補修・改修を受けて、よりよい機能を発揮できるようにすることがもっとも重要だからである。
　この点に関しては第3章で再度検討することにして、建設のためには、どのような情報が必要で、どのようにして入手すべきかについて述べる。

2.2　建設情報とは

　構造物を作る際に必要な情報が構造物の種類によって異なるのは当然である。上記に例として示した5つのプロジェクトのうちトンネルと橋の場合には、建設に最適な場所を一定の面のなかで選択する。
　このように建設する場所がほぼ決まっていて、そこに最適な構造物を作る場合と、目的に応じて適地を調査選定する場合とがあるが、ブラジリアは後者であり、次にその代表例として原子力発電所の立地調査について述べてみたい。
　原子力発電は世界中で、その必要性の是非が議論されているが、わが国は総発電量の約3分の1を原子力によってまかなっており、約50基の発電機が設置されている。
　原子力発電所を建設する際の適地の選択にあたっては、原子力委員会が定める「原子炉立地審査指針」に従う。**表2-2**に原子力発電所建設に必要な調査項目を示したが、この表に示される「よい地盤」つまり、地震が少ないこと、冷却水が得やすいこと、周辺の人口が少ないこと、気象条件などが調査の対象となる。
　表の中で調査項目について得られる情報とは、分類Ⅰ地盤・調査項目1設置点環境では、都市までの距離（km）、敷地面積（m^2）整地可能面積（m^2）などと示すことであり、同じ分類で、調査項目3-2地質構造では、地層が上部から沖積層が何m、洪積層が何mそして下部の基盤である花崗岩が地表より何mのところに現れるかといった形で示される。実際には、建設の可能性が高い候補地を数地点あげて、それらの数地点についての情報を比較検討して代表候補地を決め、さらにその代表候補地内で最適の場所を選ぶというプロセスをたどる。

第2章　建設情報とその入手方法

表2-2　原子力発電所建設に必要な調査項目

分　類	調　査　項　目	説　　明
I　地盤	1．設置点環境	原子炉災害の安全評価、プラント配置計画に必要。 平常時、事故時を問わず原子炉施設からの放射線による障害を発電所周辺の住民及び一般大衆に与えないよう周辺面積を確保するため環境調査を行う。
	2．地　形 　2-1　陸上地形 　2-2　海岸地形 　2-3　海底地形	プラント配置計画に必要。 冷却水（海水）取放水計画、港湾計画に必要。 原子力発電所の運転には尨大な冷却水（1基約30m³/sec）を要し、その取放水計画。 また重量物の運搬のために建設する港湾施設は2,000〜3,000ton船舶が接岸できるように計画する。
	3．地　質 　3-1　地質一般 　3-2　地質構造 　　　（地層、構成岩石、土層） 　3-3　断層分布 　　　｛地質資料、地表踏査 　　　　ボーリング 　3-4　基礎岩盤の深度 　3-5　原子炉プラント部の詳細 　　　　地質構造 　　　　基礎岩盤深度 　　　　地耐力	構造物の構造設計に必要。 発電所の安全をおびやかす地盤沈下、傾斜地すべり、断層等の調査で特に原子炉、タービン建家、ポンプハウスは50ton/m²〜100ton/m²の地耐力が必要。原子炉建家は安定した基盤上に底部を接することが望ましい。 構築物の構造設計。 原子炉コンティメントの構造設計。
II　地震	1．地震歴（設置点と周辺）	耐震設計に必要。 施設のうちで放射線災害からみた重要度に分け耐震設計を行う。
	2．過去の地震活動 　　（頻度、規模、強さ、海底の隆起、陥没）	
	3．周囲の震害と地盤条件 　　過去の資料 　　地震観測 　　地盤の卓越周期 　　地盤の地震波伝播速度 　　地層の震度比 　　液状化状況（周辺土地の）	過去の震害と地盤条件を比較検討する。
III　水理	1．周辺陸地の陸水 　1-1　河　川 　　　　流域面積 　　　　流出量 　　　　水　質 　　　　災害状況	淡水取水計画に必要。 発電所で必要な淡水は、補器冷却水、補給水、放射性廃棄物処理用水、稀釈水、保安用水、事故処理用水、飲料水、雑用水等で1基約1,000m³/日は必要である。

第2章　建設情報とその入手方法

分　類	調　査　項　目	説　　明
	1-2　湖　沼 　　　　貯　水　量 　　　　流　入　量 　　　　流　出　量 　　　　水　　　源 　　　　水　　　質	また発電所からの放射性廃液が水道水源として利用される流域へ直接流入する可能性のある場所への施設の設置は避けるべきである。
	1-3　地　下　水 　　　　水　　　量 　　　　水　　　位 　　　　水　　　流 　　　　水　　　質	
	2．海　　象 2-1　潮　汐 　　　　異常潮位（高波、高潮） 　　　　HHWL（最高潮位） 　　　　HWL（朔望平均満潮潮位） 　　　　MWL（平均潮位） 　　　　LWL（朔望平均干潮潮位） 　　　　LLWL（最低潮位）	全体構造物（含取放水口、港湾）の設計構造物高の決定、処理を要する放射性排水量の決定。 深さの決定、冷却水取放水口レベル、港湾構造物設計に必要。
	2-2　波 　　　　波　高（含最大） 　　　　波　長（　〃　） 　　　　周　期（　〃　） 　　　　波　向（　〃　） 　　　　継続時間（　〃　） 　　　　頻　度（　〃　）	港湾構造物の設計に必要。
	2-3　流　れ（流向、流速） 　　　　波　浪　流 　　　　潮　汐　流 　　　　吹　送　流（含海流） 　　　　河　川　流（含河川）	発電所付近の沿岸の水の流動状態調査は全体構造物の設計、放射性廃液の処理計画、冷却水の放水計画に関係する。
	2-4　漂　砂 　　　　卓越方向 　　　　供給源と供給量 　　　　損失先と損失量 　　　　移動量分布（濃度分布） 　　　　組成及び海底底質組成	冷却水（海水）の取水計画。 全体構造物の設計に関係する。
	2-5　塩　害 　　　　碍子付着塩分調査 　　　　碍子荷電曝露試験 　　　　雨水塩分含有量調査	送電施設（開閉所）の設計。 プラントの電気設備の設計に関係する。
	2-6　水　温 　　　　表面水温と分布 　　　　｛平面分布 　　　　　年月分布 　　　　水温垂直分布 　　　　年間分布	冷却水取水の計画に関係する。

第2章　建設情報とその入手方法

分　類	調　査　項　目	説　　明
	2-7　海生物	構造物、機器への海生物の附着対策に必要。
Ⅳ　気　象	1．周辺の気象一般 　1-1　年間気候の特徴 　　　　気　温 　　　　降水量（年、月） 　　　　風　速 　　　　風　向 　　　　逆転層 　　　　台　風 　1-2　風 　　　　卓越風	災害安全評価に必要。 原子力発電所からは事故後には微量の放射線が放出される。 一応安全設計、安全解析のための諸気象調査が望ましい。 最大降水量（日及び時間）は構造物の防災計画に必要である。
	2．設置点及び近傍の風向 　2-1　実地観測 　2-2　風向分布の年度による変動 　2-3　設置点近傍の風の流れ 　2-4　風　速	風向及び風速（最大）は全体構造物計画に必要。
	3．大気安定度 　3-1　温度勾配 　　　　逆転現象出現頻度 　　　　継続時間 　　　　増温率	放射能災害安全評価に必要。 排気塔高さの決定。 原子炉格納施設計画の決定に関係。
Ⅴ　社会環境	1．人口分布	原子炉災害の安全評価に必要。
	2．公共施設及び集落の分布 　2-1　学　校 　2-2　病　院 　2-3　道　路 　2-4　道路交通施設 　2-5　集落の分布	平常時、事故時を問わず原子炉施設からの放射線による障害を発電所周辺の住民、産業に与えないようにする。
	3．産業活動とその分布 　3-1　農業の種類と分布 　　　　酪農の分布 　　　　農業の分布	原子炉災害の安全評価に必要。
	3-2　水産業の種類と分布 　　　　養殖（のり、かき等） 　　　　沿岸漁業、種類、漁獲高 　　　　遠洋漁業、種類、漁獲高	原子炉災害の安全評価に必要。 周辺の既得権益への補償。 漁業権による漁獲高の調査。
	3-3　鉱工業 　3-4　第3次産業 　　　（サービス部門）	原子炉災害の安全評価。 建設工事計画（機器、建設資料の購入）原子炉災害の安全評価。
	4．放射能バックグラウンド	

分　類	調　査　項　目	説　　明
	5．交通運輸 　5-1　鉄　　道（ルート、容量） 　5-2　道　　路（　〃　） 　5-3　取付道路（　〃　） 　5-4　海　　路（　〃　）	原子炉災害の安全評価に必要。 建設工事計画（建設資材の輸送）。 燃料輸送計画にも必要。 原子力発電所建設に当たっては、スチールコンテナー、タービンジェネレーター、原子炉圧力容器、蒸気発生器等の搬入がある。 運転開始後も使用済み燃料の搬出等、重量物の搬出入があり、海路（含中継港）、陸路の分析が必要である。
	5-5　既設港湾 　　　　｛規　　模 　　　　　荷役施設 　5-6　航　空　路	中継港としての機能調査。 原子力発電所は、航空路に当たる所、また演習場の近くに建設することは原則として避けるべきである。
	6．既存権益 　6-1　水利権 　6-2　漁業権	発電所運転に伴う既存権益の補償、地元民の理解を得ること。 陸上基地の用地補償。 用水取水、放水計画。 漁業補償に必要。
	7．風　　致 　　国公立公園 　　風致地域	発電所の建設運転に伴う風致保護建築物、構造物の計画。

2.3　建設情報の収集と利用

　原子力発電所の建設では適地の選定にあたり自然情報・社会情報を必要とするが、適地選定の前に経済情報として、国の経済成長、つまり電力需要がどのように変化発展するかの調査が必要である。電力需要が減少するような社会情勢では、適地を捜す努力も不要である。
　このように適地をさがすための情報のほかに、建設事業では、各ステージにおいてさまざまな情報を必要とする。
(1)　企画段階では要求事項（目的）についての情報が基礎となる。要求仕様を作成して具体的な目的・効果を明確にすることで利便性や影響の大きさを明らかにする。
(2)　計画段階では既存資料すなわち前例から情報を集め整理する。目的とする構造物のおおよその規模や、どうしたら建設できるのかが明らかになるとともに、目的に達する方法論が見出される。
　話は少し逸れるが、本州と四国を結ぶ橋梁計画が社会の話題に上るようになった頃、当時の神戸市長・原口忠次郎が「海外長大吊橋の基礎工事」について調べた結果を著した。そしてこのような発表によって、日本では当時まだ夢と考えられていた長大橋の建設が可能であるというイメージが広がっていき、一般の人々もその実現を信じることができるようになった。本州

四国連絡橋着工の直接の引金となったのは、1955年5月11日に発生した、連絡船紫雲丸の痛ましい沈没事故であり、より安全な連絡橋を求める声が高くなったからであった。

このように目的が明確になり建設の可能性が見えてくると、調査段階に入る。

(3) 調査段階では建設候補地を決めるための各種の調査・情報収集が必要となる。

① 自然条件

巨大な構造物や海中に構造物を作る際には、この自然条件の調査が一番重要である。例えば日本の現在の技術では、水深100メートル、橋のスパン（基礎と基礎の間隔）が3,000メートルとなる場所では長大橋を建設することは困難である。そこで、これより水深が浅く、橋のスパンも2,000メートル程度になる地点を選ぶことになる。

② 社会条件

社会条件は計画段階ですでに考えられて然るべきものであり、本州と四国の間に3本の連絡橋がはたして必要かという議論にも見られるように、社会条件を充分に把握することは非常に重要なことである。

③ 経済条件

経済条件の調査とは建設に伴う費用と効果に関する調査であり、建設に要する費用に対して完成後の構造物がもたらす効果を貨幣価値にして表す。ただし、国や公共団体が計画し建設する構造物の場合には、国として公共団体としての戦略すなわちストラテジーが関係してくる。その一番わかりやすい例はハブ空港の建設である。わが国の場合、国際空港を作り航空機の離発着をアジアで一番安全に、容易に、しかも安価にできるようにしようと計画することの付加価値をどのように建設効果に計算していくかなどは、費用便益効果の効果予測の中でも評価の難しいところであり、今後、十分な研究が待たれる分野である。

④ 環境条件

1992年6月に、ブラジルのリオデジャネイロで開かれた「国連環境開発会議」（地球サミット）において「持続可能な社会」の概念が採択されたが、人類は持続可能なレベル内で資源を有効に利用し、生活し、活動していかなければならない。人類が存続していくための唯一の選択肢である「持続可能な社会」を実現するためには、以下に述べる9つの原理を受け入れなければならないとされている。

ⅰ) 生命共同体を尊重し、いつくしむ。

ⅱ) 人間の生活の質を改善する。

ⅲ) 地球の活力と多様性を守る。

ⅳ) 再生産不可能な資源の減少を最小限にとどめる。

ⅴ) 地球の環境容量の範囲内に保つ。

ⅵ) 個人の態度と行動を変える。

ⅶ) 地域社会が自分たちの環境を大切にするようにさせる。

ⅷ) 開発と保護を統合するための国家的な枠組みを創り出す。

ⅸ) 地球規模でのつながりを形成する。

これらを実現するためには、開発と保護とを両立させることが必要であり、環境影響調査は建設と表裏一体のものとして必ず実施されるべきものである。

　環境影響調査の場合、建設予定地の環境現状を調査し、建設によってそれがどのような影響を受けるかを予測して対策が可能かを検討することになっているが、日本ではダムなどの大プロジェクトに対して「環境アセスメント」法による環境アセスメントが、1997年より、14のプロジェクトについて義務づけられており、また、環境にプラスして文化財の調査も必要とされている。

(4)　設計段階では、目的とする機能を持つ構造物を図面や模型さらに現今では三次元のCAD（Computer Aided Design、コンピュータを用いて描いた図で各方向から及び内部からの俯瞰ができる）で表現し、こうして作られた設計図と仕様書に従って実際の構造物が作られる。

　設計段階は、予備設計 —— 概略設計 —— 詳細設計と段階を追って進められる。この設計段階で必要とされる情報は、実際の構造物の形を決めるためのものであるから、例えば、高速道路の予備調査では、1/10,000程度の精度が要求され、概略設計のためには、1/1,000程度の精度の調査が要求され、そして詳細設計になると、前段階の1/1,000をさらに補足するための調査が必要となる。

(5)　施工段階とは、設計図書（設計図、仕様書）に従って実際に構造物を作る段階をいい、構造物が初めて一般に人々の目に触れるようになる。

　設計図に示されている地質図を見ていくと不足しているデータが明らかになってくる。この不足データを補完するために、工事着手前に地質調査の追加ボーリングを行うなどして、調査の精度をあげることが重要である。特に環境調査は建設予定地で何度も繰り返して、保護動植物を明らかにするとともに、地下水の変動を起こす可能性が考えられる場合には、河川や井戸の水質について確認しておくことが必要である。また、現在では、埋蔵文化財に関する情報も非常に重要で、これも自ら確認しておく必要がある。

　さらに、実際の土や岩の状態は、これを掘削しながら新しい情報を入手し利用していくことが肝要である。

　テルツアギーの提唱した狭義の情報化施工（観測施工）は、このような施工段階で、実際の土や岩の物性を判断して試験を重ね、新しい情報として設計にフィードバックすることを指している。この施工段階での情報の判断方法については第4章〜第5章で詳述する。

(6)　維持管理段階

　構造物の寿命を仮に100年と考えると、この間に社会状況は大きく変化する。また、100年間に遭遇する人為的自然的災害は予測不可能である。

　わが国の場合を見ても、第2次世界大戦後約60年を経過したが、この間に道路を通行する車両の数は飛躍的に増大している。50年前の予測に基づいて設計された道路は予測を大幅に上回る通行量にさらされ、その荷重に耐えきれなくなって、維持管理の手間と費用は莫大なものとなっている。

　維持管理段階で必要な情報とは、想定される構造物（設備系やライフラインを含む）の耐用

第 2 章　建設情報とその入手方法

年数をベースに予測した利用状況がどのように変化しているかの情報である。

　加えて、近年は、周辺環境の悪化が目立つので、大気状況、地盤振動、地下水汚染状況などの外的要因について把握しておく必要が出てきている。

　維持管理の段階では、劣化から破壊に至るプロセスを追求、検討する必要もあり、構造物が破壊・劣化するための要因を表示したものが **表 2-3** である。

　個々の例を下記に述べる。

① 耐久性の低い材料を使用

　自然の石材、煉瓦などは耐久性があり、長期間安定して形状を保っている物が多い。これと対照的に木材は火災などに弱く、紀元前 5 世紀中頃に建造され、1687 年に火薬庫として使用中に敵軍の砲弾により爆発炎上した、ギリシャのパルテノン神殿のように屋根架構などが失われたものが多い。

② 無保護の構造物

　煉瓦作りで表面に漆喰を塗りこめたインドのサンチ・大ストーパーは紀元前 3 世紀アショカ王により建設された。9 世紀のインドネシアのボロブドールでは基部に補強の石積が施されて

表2-3　構造物の破壊または劣化要因

主要因			
気象	風雨	耐久性の低い材料	
		無保護の構造物	
使用環境の変化	地盤	沈下する悪い地盤	
（自然災害）	地震	地震災害	
	噴火	火山災害	
	洪水	洪水災害	
	地すべり	地すべり災害	
（破壊行為）	戦争	破壊	
	火災	焼き討ち	
	略奪	高価なもの	
（荷重などの変化）	自動車	交通量の増加	
	列車	スピードの変化	
	飛行機	重量の変化	
機能の低下	土砂の堆積	ダム	
	生活の変化	家電の増加	
		放置	
		スタイルの変化	
	配管系の腐食	水道・ガス	
	外観の悪化	構造物の汚れ	
		剥落危険度	

おり、12世紀のカンボジアのアンコールワットはラテライトの土塁の上に砂岩を張って長期的に保存されている。1903年にオーギュスト・ペレー（フランス）により建設されたパリのフランクリン街アパートは初期の鉄筋コンクリート作りであるが、タイル張りのため現在も良好な保存状態である。しかし、同じ設計者により1923年に作られたパリ近郊ル・ランシーのノートルダム教会はコンクリート打ちっぱなしのためかなり外壁が傷んでいる。

③　悪い地盤への建設

　構造物の破壊原因の多くは地盤の不安定性にあり、構造物が長寿命を保つための基本は良好な地盤上に建設することである。現存するこの典型的な例がピサの斜塔である。また、ベネチアは木杭を使った人工地盤の上に作られており、現在はその地盤沈下に悩んでいる。

④　地震、火山噴火などの自然災害

　紀元前3000年頃に作られたギリシャのクレタ島・クノックス宮殿は紀元前1450年頃のテラ島の火山爆発による津波・火山弾・火山灰を受け崩壊した。トルコのイスタンブール・ハギアソフィア大聖堂は557年の地震で崩壊したといわれている。火山や地震断層にも近かったためである。イタリアのベスビオ火山の噴火で79年に廃墟となったポンペイは有名であり、最近ではフィリピンのピナツボ火山、わが国の雲仙普賢岳、有珠岳の火山災害が記憶に新しい。またその他の自然災害として、風水害、地滑り、高潮、津波などが破壊の原因となり、悪条件な場所に立地していたものは破壊に至る。

⑤　破壊行為

　これが一番の被害をもたらす。象徴的な建築物は、政治条件の変化、異民族の浸入などにより破壊される例が多い。イランのペルセポリスは紀元前6世紀にアケメネス朝ペルシャの宮殿として建設されたが、紀元前330年アレキサンダー大王の焼き討ちにより破壊された。木造建築がほとんどであったわが国では、戦国時代、焼き討ちは軍の常套手段であった。

⑥　火　　災

　木造建築は火災に弱い。破壊行為により起きる火災が原因で、わが国では貴重な寺社建築が多数失われている。京都の清水寺は798年の建立以来、京都が戦場となるたびに焼失し、現在のものは9回目の建て替えだという。

⑦　略　　奪

　大理石や屋根材のブロンズなどは、そのものが高価で財産価値があるため、ローマのコロセウムの被覆材の大理石やパンテオンの屋根葺材の鍍金ブロンズのように剥ぎ取られ流用されたものが多いとされている。

⑧　生活の変化による放置

　建築構造物は利用することに意味があり、そのためには保守修理が不可欠である。長崎県軍艦島に1916年に建設されたわが国最初のコンクリート作りのアパートは廃島となって人が住まなくなり放置され、今では廃墟となっている。

　構造物の劣化あるいは破壊の要因を表で示したが、この中で自然災害や破壊行為は、予測は

図 2-1　自動車保有台数の変化

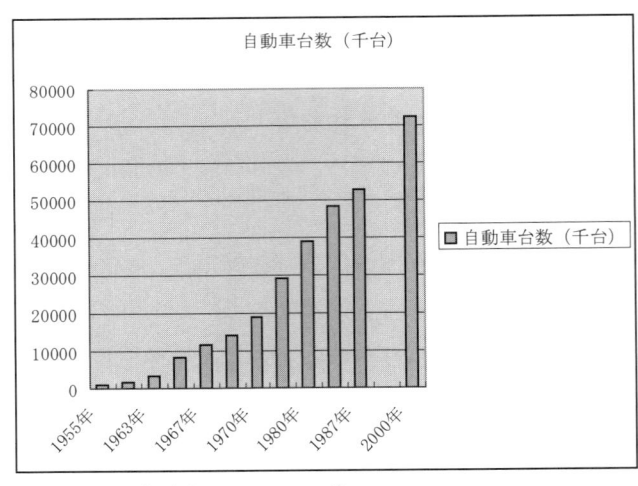

（出展：国土交通省ホームページ）

できないまでも、発生を想定し、それを抑止する努力は可能である。

　それに対し、社会環境の変化による荷重などの変化は予測が困難であり、特に、第2次世界大戦以降の急激な技術革新によってもたらされた変化は誰もが想像し得なかったものである。その一例として、自動車所有台数の変化があげられる。

　自動車保有台数の変化が図2-1に示されているが、1955年に92万台であったものが2000年には7,237万台になっている。この間に、例えば大型車のすれ違える道路延長は約52,000kmから約72,000kmに伸びただけであるので、自動車千台あたりで見ると約30km/千台から3.9km/千台となっている。

　これを道路が受ける負荷と考えると、道路は1955年に比較して約8倍の荷重を常時受けており、したがって劣化も8倍進むと仮定することができる。

　台数のみでなく大型車両の重量も増加しており、それに伴い道路や橋にかかる負担も増加している。

　現在わが国では、鉄筋コンクリート構造物の劣化が急激に進行しており、鉄筋コンクリート構造物の劣化メカニズムの研究がさかんに行われている。この場合の情報入手方法は、まず点検に始まる。その点検において構造物の外観にひび割れ・剥落・鉄さびの滲み出しなどの兆候があると、鉄筋コンクリートの一部を切り出すなどして試料を取り、物理化学的な検査を行う。

2.4　建設情報の入手方法

2.4.1　自然情報の入手方法

　先に表2-2で、例として原子力発電所立地の調査項目を示したが、自然情報には地盤、地震、水理、気象の4項目がある。各項目ともに調査法の研究は進んでおり、多数の著作が出版され

ている。

　構造物と一番関わりが深い地盤は、また未知の要素も一番多い。そこで、地盤に関する情報の入手方法を考えてみたい。

(1) 地盤情報の入手方法

　地表面の形状や性質から判断される情報はもっとも確実なものである。砂が一面に広がっていれば、そこは砂丘や砂漠であり、住居を建てようとは考えない。粘土がいつも湿っているような場所は湿地帯であり、干潟や低湿地として生物の繁殖には必要な土地であるが、ここに住居を建てればしだいに不等沈下したり基礎が腐ったりすることは容易に予測できるから、住宅には不向きな土地ということがわかる。硬い岩の上はどうであろうか？

　このように、砂、粘土、岩等が地表に表れていれば問題はないが、地表が一面の草や木に覆われている場合、その地面の性質を知るには、わが国では、地質調査所が国土地理院発行の5万分の1の地形図を基図とした地質図帳を全国にわたって作成しているから、これを用いる。多色刷りの地質図・地質断面図と、区画内の地質の内容を詳しく述べた研究報告書がセットになって「5万分の1地質図帳」として販売されている。

　地質図はある地域に露出する地層や岩石の種類と時代を示し、それらの新旧関係や分布の状態を色や模様で表記した平面図であり、この地質図をある方向に切り、地下の地層や岩体の様子を描いたものが地質断面図である。構造物を計画するときには地質状態をよく知らねばならないが、地質図、地質断面図からは、その土地についてのさまざまな地質情報を読み取ることができる。

　地質図帳を作るためには、地質学者が実際に現地に出向き露頭の観察を行う。露頭とは表土が除かれ岩石や地層の一部が直接地表に表れているところをいい、海岸・山頂・崖・道路の側などに多く見られる。

　ここで基本図は5万分の1の地形図としたが、現在では、2.5万分の1の地形図も作成されているので、これも用いる。さらに、微地形を表現している1万分の1都市計画図は各地方公共団体が作成しているし、採石業者や鉱山関係者は関連地区の5,000分の1、300分の1の地形図を作成しているから、なるべく入手して用いるとよい。

　日本では5万分の1の地形図の入手に困難はないが、海外では地形図自体が存在しない地域も多く、またあっても軍事機密になっている場合があるので事前に地形図が入手可能かどうかを調べておく必要がある。地形図を手に入れたら、自動車等で通行可能で露頭がありそうな場所を想定して地質調査に向かい概査を行う。概査によって調査予定地をひとまわりして土地の岩石に慣れたらルートを選定する。調査するルートは、はじめはその地域の地質構成の一般方向に直角な方向、あるいは露出している一番よさそうなルート（例えば谷や新道の開削部）などを選定する。この一般方向とは、地層の走行や褶曲軸の方向、火成岩体の一般的な延長方向などをいうが、これは準備段階で地形図を参考にしてできるだけ知っておくとよい。

　それからは毎日の調査結果をもとに翌日のルートを決めていく。予定地を万遍なく歩いたら、

地質構造を決めるのに都合のよい鍵層を追跡して確かめる。特に重要な地点や疑問のある場所は必ず再調査する。

800以上の島からなるインドネシアは未開発地域が多く、地形図や地質図の入手はたいへん困難であり不可能なこともよくある。日本では主要な都市で得られる5万分の1地形図や地質図は、ジャワ島のバンドンにある地質調査所まで行かないと入手できない。予算が潤沢な大型プロジェクトではバンドンまで出向くこともできるが、小規模な調査工事で、現地入りした後に地形図や地質図の不足に気づいた時には自分で予定地を歩きまわり、野帳に地形・地質を記載し、写真を撮り、岩石資料を持ち帰って調査をして地質図を自作する。熱帯では風化速度が早いので、露頭の土質をそのまま信用することはできない。必ず、表面を除去して内部の状態を確認しないとあやまった判断をすることになる。

次に、地盤の試験法を述べる。

現地調査で採集された土や岩石、化石は実験室で試験される。日本における土の試験法は地盤工学会「土質試験の方法と解説」に詳述されており、一般的にはこれに従う。米国には米国規準ASTMが英国には英国規準BSがあり、それぞれの試験法に従って実施する。わが国の試験法の多くはASTMに準拠しているので、世界中の大体の試験法は同一と考えてよい。

岩石の場合は肉眼観察につづいて顕微鏡観察、化学分析で岩石名や鉱物組織を確認し、放射性炭素法などで岩石の年代測定を行う。さらに、肉眼で化石を観察するが、微化石については電子顕微鏡を用いて地質年代を決定していく。

(2) 地下の調査

地表・地質の調査方法についてこれまで述べてきたが、地下の情報はどのようにして入手すればよいであろうか？　こういうと、すぐにボーリングを思い浮かべる人が多いが、直接的手法であるボーリング以前に間接的に地下の状況を知る方法がある。これがサウンディングや物理探査である。

サウンディングはボーリングをしないで地盤にロッドを貫入させたときの抵抗を測定して地盤の固さを判定する調査に利用されている。ダッチコーン貫入試験やベーンせん断試験などがこれにあたる。

物理探査技術は、資源・エネルギーを探査する学問や土地を有効利用する学問の総称である。そもそも探査技術は、石油・石炭・重要金属の探査のために生まれたものである。金属鉱床では、その性格上電流を通しやすい所には金属が存在すると考えられるので、大地に電流を流す電気探査が主に使われた。

20世紀のエネルギーの主力となった石油は堆積盆地に産する。そこで構造探査をするための反射法地震探査が活躍するようになった。この反射法地震探査では、弾性波理論と信号処理技術が重要であり、信号処理が発展した。

土木分野では、比較的浅いところの地質構造を詳細に調査したいという要求に応えて日本独自の浅層反射法やジオトモグラフィーの技術が発展し、トンネルやダムの調査手法として必須

第2章 建設情報とその入手方法

表2-4 代表的な物理探査技術の内容

方　法	現　象	物　質	状　態	主な用途
地震探査	弾性波探査	伝播速度	人工	石油・石炭・基礎地盤・トンネル
	浅層反射法	同上	同上	トンネル・土木
重力探査	万有引力現象	密度	自然	石油・石炭・金属鉱床・地下空洞
電気探査	電気分極現象	分極	自然	一般鉱床
	定常電流現象	比抵抗	自然	地下水・地質分布・鉱床
	電磁現象	透磁率	自然	地質・鉱床
		誘電率	人工	基礎地盤
磁気探査	静磁気現象 （地球磁界）	透磁率 残留磁気	自然	磁性鉱床
放射能探査	放射能現象	放射能	自然 人工	放射能鉱床 放射能追跡子の利用
地温探査	熱現象	発熱・熱伝導度	自然	地熱エネルギー・温泉
物理検層	ボーリング孔内の探査	電気・速度 温度・放射能		地質構造

（参考：物理探査学会「物理探査ハンドブック」ほか）

のものとなっていった。

　このような物理探査とは、地下の潜在地質構造と直接または間接に関連して人工的に発生させた物理的現象または自然に生じている物理的現象を地表において観測し、その資料を検討することによって地下の状態を推測する探査法であり、利用する物理現象により色々な方法に細分されている。

　代表的な探査方法について簡単にまとめると**表2-4**のようになる。

　このような物理探査技術により推定された地質構造を構造物の建設のための情報として取り入れるには、最終段階においてボーリング調査によって直接岩や土の資料を採取して確認をする手順が残っている。

　ボーリング調査にはロータリーボーリングと打撃穿孔ボーリングがあるが、地盤のサンプルを乱さないで採取するためにはロータリーボーリングが一般的である。先端のビットで岩盤を切削して地盤の試料（コア）を採取する。このコアを直接地質技術者が見て地質を判定するとともに、物理試験、一軸圧縮試験などの力学試験を導入し地盤の性質を明らかにする。

参　考　文　献

1) ウイルフリッド・ノイス著／浦松佐美太郎訳：エベレスト　その人間的記録, 文藝春秋新社, 1956
2) 藤木高嶺：ああ南壁－第2次RCCエベレスト登攀記, 中公文庫, 1974
3) 日本鉄道建設公団：津軽海峡線工事誌, 1990.3
4) New Civil Engineer/TML: The Making of the Channel Tunnel, A New Civil Engineer/Transmanche Link Publication
5) Bronwell Jones: The Tunnel-The Channel and Beyond, John Wiley & Sons, 1987

第2章　建設情報とその入手方法

6) 持田豊：青函トンネルから英仏海峡トンネルへ，中公新書，1994.8
7) 杉田秀夫：杉田秀夫論文集，海洋架橋調査会，1994.11
8) 古屋信明：橋をとおして見たアメリカとイギリス－長大橋物語，建設図書，1998.3
9) 大林組広報室：ブラジリア，季刊大林，No.44，1998
10) 原口忠次郎編：海外長大吊橋の基礎工事
11) 中川良隆：建設マネジメント実務，山海堂，2002
12) 島津康男：新版環境アセスメント，NHKブックス，1994.2
13) 武田裕幸・今村遼平編：応用地学ノート，共立出版，1996.9
14) 磯崎新：磯崎新の建築談義　#2アクロポリス「ギリシャ時代」，六耀社，2001.7
15) 村田次郎編：世界建築全集4　インド・東南アジア・中国・朝鮮・中南米，平凡社，1959
16) 堀内清治編：世界建築全集5　西アジア・エジプト・イスラム，平凡社，1960
17) 神代雄一郎編：世界建築全集9　近代ヨーロッパ・アメリカ・日本，平凡社，1961
18) 千原大五郎：ボロブドールの建築，原書房，1970.5
19) 中川武監修：アンコール遺跡調査報告書2002，JSA，2002.11
20) 清水寺：清水寺縁起
21) 筑波大学：ハギアソフィア学術調査団公式ホームページ　http://www.geijutsu.tsukuba.ac.jp/~hsophia/new_page_1.htm
22) 大成建設設計本部CGデザイン室：CGでよみがえる古代都市，日経BP社，1998
23) 日本地図センター：国土地理院発行地図一覧図
24) DIREKTORAT GEOLOGI: BUKU PETUNJUK PETA TOPOGRAFI INDONESIA, 1974
25) 国土交通省ホームページ：道路交通量　http://www.mlit.go.jp，2003
26) 地盤工学会：土質試験の方法と解説，2001
27) 物理探査学会：物理探査ハンドブック，1999

第3章　観測施工から情報化施工へ

　建設施工を実施するには各種の情報を必要とし、その情報を適切に判断して施工することが肝要であると第2章において述べた。本章では情報化施工を必要とする建設施工の問題点、さらに情報化施工を可能にした技術の進歩について説明する。そして情報化施工のあるべき姿としての「情報の統合化」を示す。

3.1　建設施工とその問題点

3.1.1　土と岩の物性

　情報化施工が土や岩盤を対象とした分野で必要となった理由を検討するために、土や岩の物性がどのようなものか、土と岩の違いについて簡単に述べる。

　1973年に土質工学会により制定された日本統一土質分類によると、土質材料は粒径75mm以下の地盤材料と記されている。統一土質分類を表3-1に示す。

　土は粒子径が小さく、直接火山灰が堆積した場合を除き、岩盤が風化変質により破砕され細粒化して堆積したものである。この風化・変質の過程を模式的に表すと図3-1になる。この図は密実な岩石が亀裂の発生によって一軸圧縮強度が変化していく様子を示したものである。図3-1.aは、ひとつの割れ目に対して岩石試料の長軸に対する傾斜角の変化で強度が変わること

図 3-1　岩石から土へ変化する模式図と強度の関係

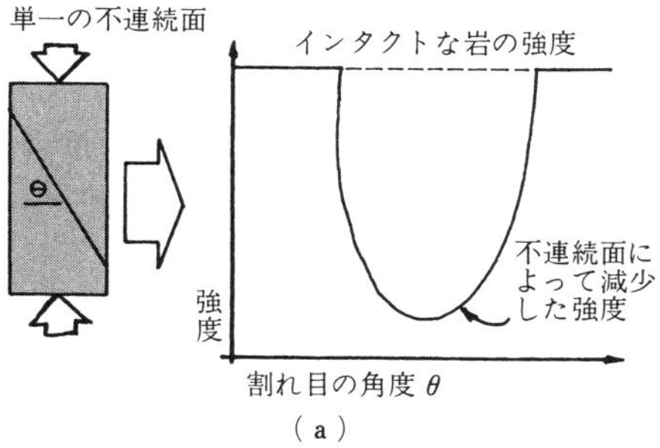

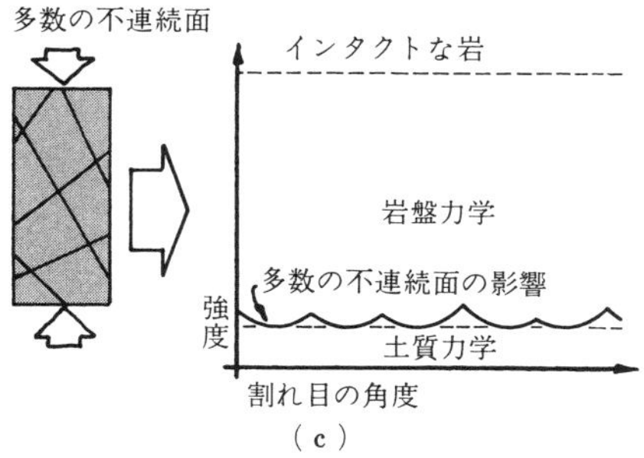

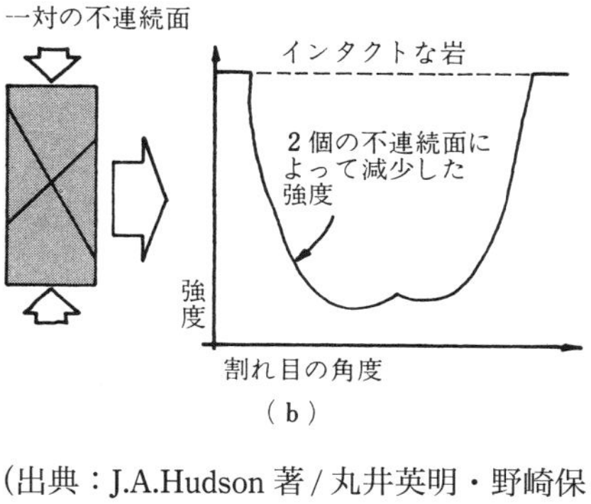

Illustrations are copyright of CIRIA UK. www.ciria.org

（出典：J.A.Hudson 著 / 丸井英明・野崎保　共訳「図で学ぶ岩盤工学の基礎」オーム社）

第3章 観測施工から情報化施工へ

表 3-1 日本統一土質分類の分類体系

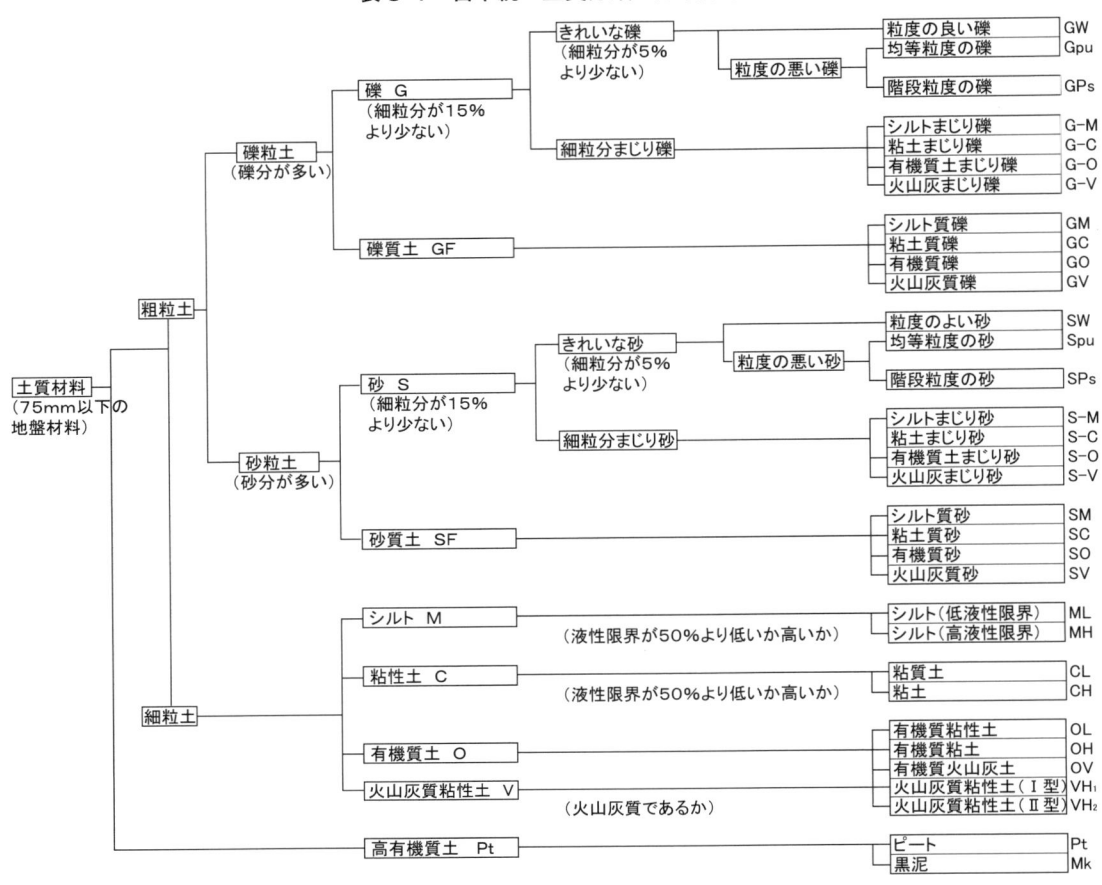

（出典：地盤工学会「土質試験の方法と解説」）

を示している。**図 b** は割れ目がふたつの場合を示しており、割れ目が多くなると、**図 c** に示されるようにあらゆる方向での強度が低下する。この図の中のインタクトな岩とは割れ目がない岩石のことである。

そして、圧縮強度で岩と土を区別するときの目安は 1 Mpa（9.8kg/cm²）以上が岩で、これ以下が土と考えることができる。

岩に多数の亀裂が入ったものが土であると考えた上で、さらに土と岩の相違を調べていく。土は粒子によって構成されているが、岩は割れ目がない状態から割れ目を持つ状態まで変化し、構造的に不連続である。岩は地殻が構成されたときから存在しているために、強い褶曲や隆起・沈降により初期応力を受けており、その力を受けついでいる。そのため、応力が解放されるときに異なった方向の力を発揮することがある。さらに土中の水の動きは粒子に対して均等に働くので透水性は均等であるが、岩の中の水の動きは亀裂の方向によって透水性が左右される。化学的風化や変質を受ける点は土も岩も同じであるが、土のほうが大きくしかも早く影響を受ける。

ひとくちに岩盤というが、それは岩石の集合体であり、火山のマグマが噴出してあるいは地

下でそのまま固化した状態の火成岩、火山灰・火山礫が海底や陸上に堆積して固化したもの、岩石が一度風化変質して河川下流で堆積して固化したものすべてを含む堆積岩、堆積岩がマグマと接触したり、地球の褶曲運動や断層運動で強い力を受けてできあがった変成岩などに分かれる。下記に岩盤を構成している岩石の分類表を**表 3-2**、**3-3**、**3-4**に示す。

3.1.2 わが国の建設施工の特徴

わが国は第 2 次世界大戦後、遅れているインフラを充実させることと居住環境を整備するために多大な建設投資をつづけてきた。その結果、狭い平野部に人口が密集しただけでなく、地上、地下にも構造物が密在することとなった。

このような条件に加えて、わが国の地形・地質は複雑であるから、地盤に接する構造物の建設にあたっては設計時の推定地盤条件で判断して施工を行うだけでは不充分であり、施工中に観測や計測を実施して地盤を確認する必要がある。

3.1.3 複雑な地質

日本はアジア大陸から分離して生成され、その後、太平洋プレート、フィリピンプレートの押しつける力に対抗するユーラシアプレートとのせめぎあいの場にある。地盤にはひずみが蓄積し、そのひずみが限界に達すると亀裂が発生し、それが断層を形成している。地盤はこのような数多くの断層により寸断されているうえに、寒冷期に氷河に覆われていたのは高山域のみ

表 3-2 火成岩の分類と造岩鉱物

有色鉱物の量による区分〔体積%〕	超苦鉄質岩	苦鉄質岩	中間岩	珪長質岩
	70	40	20	
SiO_2含有量による区分〔重量%〕	超塩基性岩	塩基性岩	中性岩	酸性岩
	45	52	66	
岩石の種類 火山岩（細粒岩）		玄武岩 (basalt)	安山岩 (andesite)	流紋岩 (rhyolite)
半深成岩（中粒岩）		粗粒玄武岩 (dolerite)	ヒン岩 (porphyrite)	石英斑岩 (quartz-porphyry)
深成岩（粗粒岩）	カンラン岩 (peridotite)	斑レイ岩 (gabbro)	閃緑岩 (diorite)	花崗岩 (granite)
造岩鉱物 有色鉱色（苦鉄質鉱物）	カンラン石(olivine) 輝 石(pyroxene) 角閃石(amphibole) 黒雲母(biotite)			
無色鉱物（珪長質鉱物）	(Caに富む) 斜長石(plagioclase) (Naに富む) 正長石(orthoclase) 石 英(quartz)			

第3章　観測施工から情報化施工へ

表3-3　堆積岩の分類と特徴

分　類	成因と主な岩種
砕屑岩 (clastic rocks)	砂や泥などの砕屑物が堆積し固結したもので，粒径により礫岩(2 mm以上)，砂岩(2～1/16 mm)，シルト岩(1/16～1/256 mm)，粘土岩(1/256 mm以下)がある．シルト岩および粘土岩を総称して泥岩と呼ぶ．固結が進み，剥離性を有する泥岩を頁岩，さらに粘板岩と呼ぶことがある．
火山砕屑岩 (pyroclastic rocks)	固体状の火山放出物が堆積し固結したものに，粒径により火山角礫岩または凝灰角礫岩(tuff breccia, 32 mm以上)，火山礫凝灰岩(lapili tuff, 32～4 mm)，凝灰岩(tuff, 4 mm以下)などがある．火山弾や軽石など流動性をもった火山放出物が堆積し固結したものに，集塊岩，軽石凝灰岩などがある．
生物岩 (organic rocks)	生物の遺骸が堆積し，固結してできた岩石である．藻類，サンゴ，フズリナ，貝などの$CaCO_3$質の殻がもとになった石灰岩，および放散虫，珪藻などのSiO_2質の殻がもとになった珪藻土，チャートなどがある．
化学岩 (chemical rocks)	水中に溶解していた無機物が化学的に析出したり，蒸発により沈殿したりしてできた岩石である．岩塩，石膏などがある．

表3-4　変成岩の分類と特徴

分　類	岩　種	特　徴
接触変成岩 (contact metamorphic rocks)	ホルンフェルス (hornfels)	砕屑岩などが接触変成作用を受けた細粒緻密で，きわめて硬い岩石である．原岩が砂岩や泥岩の場合，紫色を帯び，黒雲母を生じている．
	結晶質石灰岩 (crystalline limestone)	石灰岩が接触変成作用を受けた岩石であり，方解石結晶の集合体からなる．大理石ともいう．
広域変成岩 (regional metamorphic rocks)	結晶片岩 (crystalline schist)	雲母，緑泥石，角閃石などの葉片状または長柱状の鉱物が特定の面に平行して配列する片理を示し，異方性が著しい．片理面に沿って剥離しやすい．低変成度の泥質岩は千枚岩と呼ばれ，弱い片理や微細な劈開構造を示す．
	片麻岩 (gneiss)	花崗岩と類似した鉱物組成をもち，黒雲母，角閃石などの有色鉱物の多い部分と，石英，長石の多い部分からなる縞状組織を示す．
断層岩 (fault rocks)	圧砕岩(mylonite)	機械的なせん断を伴う圧砕作用によって生じた断層岩の一種で，鉱物粒子がすりつぶされた細粒のよく固着した岩石である．
	破砕岩 (cataclasite)	機械的なせん断作用によって生じた断層岩の一種で，圧砕作用が十分に進まず，原岩の組織を残した岩石である．

(出典：表3-2～表3-4：日本材料学会編　「ロックメカニクス」技報堂出版)

であったため、大部分の地域で岩盤は長期にわたって風化を受けた。この風化層は平野部に堆積し、軟弱層を形成している。

　一方欧州や北米は大陸の古い岩盤で構成されており、プレートの運動を受ける部分も少ない。また、北欧や北米の主要な地域は、寒冷期には広く氷河に覆われていたが、氷河が移動する時に、その底面に接する地質を剥ぎ取ったために、地表面には新鮮な岩盤が露出している。本来、大陸の安定した地殻であったために、一部の地域を除き、岩盤の割れ目は非常に少ない。欧州・米国の地質図と日本の地質図をすべて比較するのは難しいので、全国地質調査連合が作成した「一部欧州と日本の地質の比較」をインターネットのホームページ http://www.zenchiren.or.jp/

tikei/index.htm で見ていただくとよくわかる。

　日本列島の地質は赤色系統の花崗岩をはじめ、火山岩類および堆積岩類がモザイク模様をなして複雑に分布し、多くの断層や活火山が存在する。これに対して欧米の地質は断層が少なく、地質構造が単調で安定した大陸地塊を形成している。

　地質の違いを説明するために、日本と欧州の代表的な海底トンネルを例にして解説する。青函トンネルは北海道と青森県の間を接続するトンネルである。他方、英仏海峡トンネルは英国とフランス間を接続するトンネルである。両トンネルの主要諸元を比較**表 3-5** で示す。

表 3-5　青函トンネルと英仏海峡トンネルの比較

	青函トンネル	英仏海峡トンネル
長さ（海底部分）	53.85（23.3）km	50.5（37.6）km
最大水深	140m	60m
最大土被り	100m	40m
地質	第三紀火山岩、堆積岩	中生代チョーク
施工性（地質の条件）	割れ目・断層多し 湧水多量	均一、割れ目少ない 湧水少量
掘削方法	在来工法（鋼製支保工） 一部吹付コンクリート	シールド工法。トンネルボーリングマシン
トンネル構造	複線鉄道トンネル1本 海底部（先進導坑・作業坑）	単線鉄道トンネル2本 サービストンネル1本
工事期間	24年（1964－1988年）	11年（1984－1995年）

　青函トンネルの地質断面図を**図 3-2** に示す。青函トンネルの本州側には火山岩帯が広がり断層が分布している。北海道側にはグリーンタフ時代の新第三紀中新世の訓縫層が存在するが、これも多くの断層を持っている。海峡中央部には、細かい火山灰や砂が約 600 万年前頃までに堆積した黒松内層が出現している。

　青函トンネルでは、断層部の粘土化した地層での出水事故が四回も起こり、工事中のトンネルが水没することがあった。

　一方、地殻変動も火成作用も日本のように激しくは受けていない英仏海峡トンネルルート部は、おだやかな堆積をしている。海峡部に出現するチョーク層は白亜紀の堆積層で、中部チョーク層は、その中に非常に硬い大小の石塊が混じっていて機械では掘りにくい層である。ホワイトチョーク層は真っ白であり、強度は小さくかつ割れ目が多い。その下の下部チョーク層の上半はグレイチョーク層といい、少し硬くなっているが割れ目が多い。下部チョーク層の最下部がチョークマール層で、充分に硬く締まった岩石であり、海底での漏水もほとんどなく、トンネルボーリングマシンで掘るには最適な岩層である。その下部のガウルトクレイ層は粘土層であり、部分的に硬いグロウコナイトという薄い層を挟んでいる。このガウルトクレイ層は水を

第3章　観測施工から情報化施工へ

図 3-2　津軽海峡地質断面図

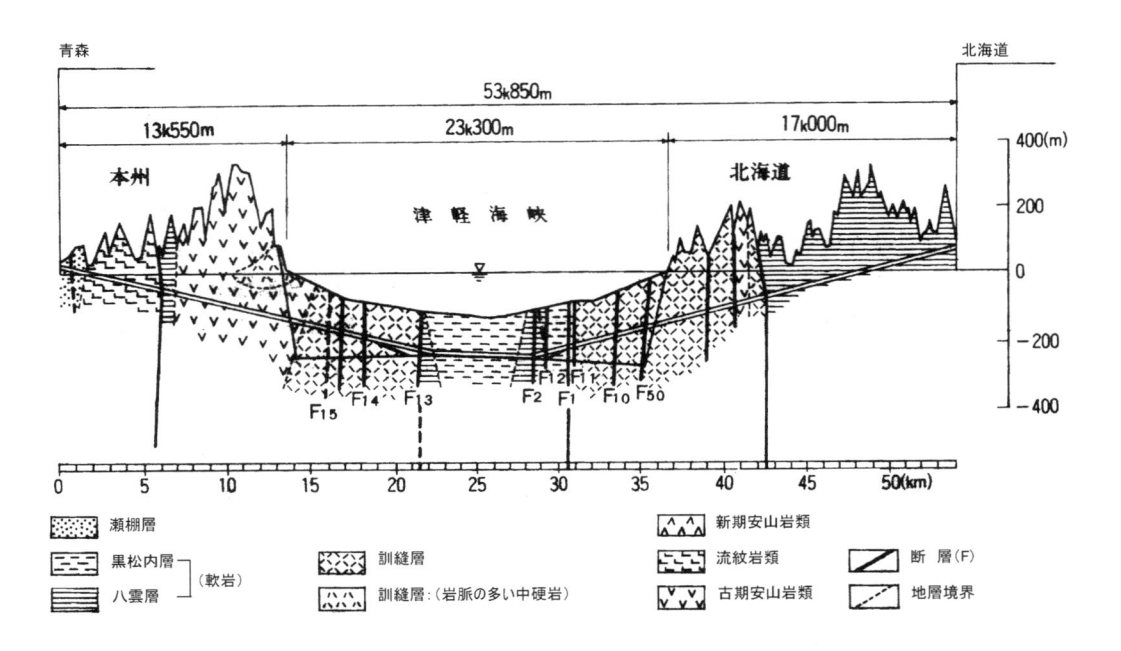

凡例：
- 瀬棚層
- 黒松内層　　　（軟岩）
- 八雲層
- 訓縫層
- 訓縫層：(岩脈の多い中硬岩)
- 新期安山岩類
- 流紋岩類
- 古期安山岩類
- 断層（F）
- 地層境界

（出典：日本鉄道建設公団「津軽海峡線工事誌」平成2年3月）

図 3-3　英仏海峡地質断面図

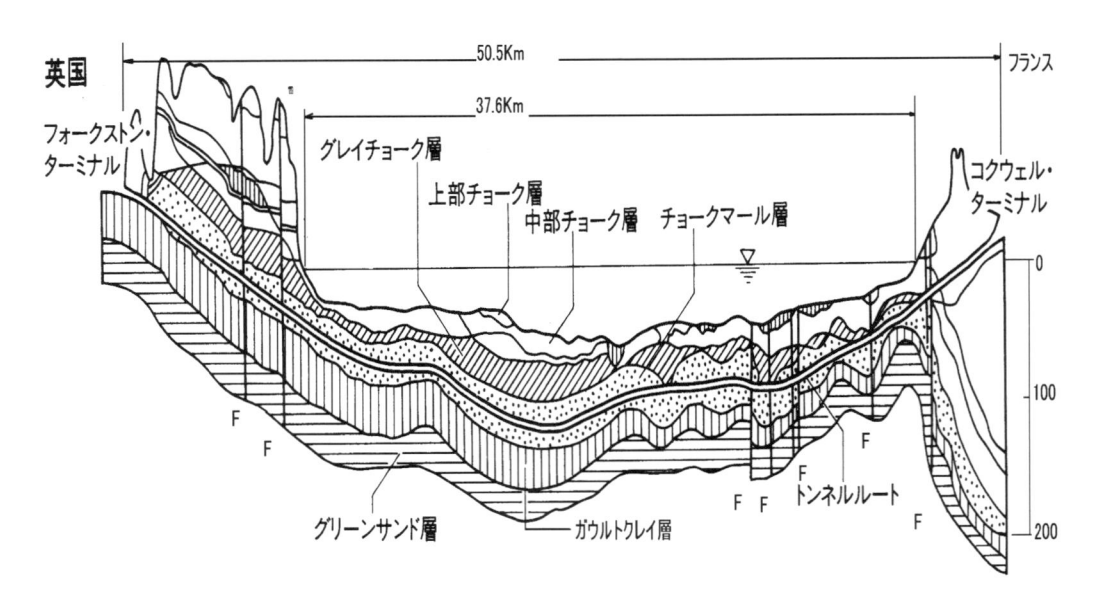

（出典：英仏海峡トンネル地質断面 The making of the Channel tunnel /A New Civil Engineer /Transmanche Link Publication）

― 30 ―

透さないが膨張性を持っており、機械掘削には不適である。さらに下のジュラ紀グリーンサンド層は砂が多く湧水が多い。

英仏海峡はヴェルネ浅瀬を別にすると、水深が50〜60mである。したがって、海上作業台でのボーリング作業も比較的容易であったから、厚さ20m程度のチョークマール層の位置を捜すために140本以上のボーリングでトンネルルートを確認している。

青函トンネルの海底地質断面を示す**図3-2**と英仏海峡トンネルの海底地質断面を示す**図3-3**を比較すると、ひとつの例であるが、わが国の地質の複雑さが推定できる。

3.2 工事における情報化施工

3.2.1 技術確立の背景

近年のコンピュータ技術と高速ネットワーク環境の進歩が情報化の波を大きくしたといえる。

情報の一元化、共有化を図るためのネットワーク技術の発達、モデルの可視化技術の進歩、ユーザインターフェースの発達等が顕著であるが、特に、ユーザインターフェースがより一般技術者に合ったものになったことで情報伝達手段であるコンピュータの普及はめざましいものとなった。つい10年ほど前のオフィスでは、10人に2〜3台のパソコンが机の上にあったぐらいだったのが、今では、ひとり1台が当たり前、しかもインターネットで情報を共有し合っている。

コンピュータとネットワークはこの10年間に情報の交換・共有ができる環境をもたらしてくれたが、それは我々が長いこと待ち望んでいたことであった。

建設業は、経験や過去の事例が非常に大きく影響する分野であり、これらのノウハウをいかに上手に共有し使いこなせるかが、現業の効率化・自動化、安全性の向上、また減りつづける専門家技術者の補完を図るうえでの重要なポイントである。情報を生かして使うためには、コンピュータ技術を業界に応じた形で確立していくことが必要であり、それが、情報化施工が生まれた由縁であり、やっとその環境が整いつつある。

情報化施工を構成するための要素技術には、観測施工や数値解析技術、CAD、工事管理の自動化システム等があげられ、各々の要素技術を結ぶ統合化技術としては、知識ベース、データベース、そして人工知能技術があげられる。建設業界では、要素技術はすでに高いレベルに達しており、それをいかに統合化、知的化していくかの段階にある。統合化の中心となる技術には、前述の技術の他に、マネジメントデータベースの構築、ネットワーク・コンピュータ環境の確立が必要とされる。

以下に、建設各社が比較的確立したものを持っている観測施工技術、現在各社が力を注いでいる工事管理の自動化システム、および、統合化技術として知識ベース、データベースの4つの技術について説明する。

3.2.2 観測施工

観測施工は情報化施工の核となる部分で、比較的以前から取り組まれてきた技術であり完成度も高い。この技術は建設工事特有の"土と岩の不確実性"に着目したものであり、施工中の現場計測から得られた新しい情報によって事前の設計を常に見直しながら施工することで、設計・施工の段階を包括して考え、その時点での最適施工、対策工案を見出していく方法である。

通常、"土と岩の不確実性"が設計段階での不確実性をもたらし、そのため直接間接を問わず施工段階に大きく影響を与える。また、これが施工法や施工時期など施工段階の不確実性とあいまって、経済的、技術的不合理性を生む結果となる。

確かに、従来の設計・施工法では、設計段階で決定された設計（案）と施工段階で思わぬ支障を生じたときの対策工（案）との間には、過去の経験や実績に裏付けてはいるものの、施工実績から安全性、経済性、重要性など多角的な観点に基づく対策工の立案や設計などへのフィードバックの考え方、あるいは設計と施工との定量的な関係はなかった。

しかし近年、光ファイバーセンサーやGPS測量技術の進歩で計測がより正確になったこと、またコンピュータ利用ネットワーク活用が進んだことにより、土木工事における地山挙動や地形などの状況を正確に把握できるようになった。またこれらの情報を分析することによって、その挙動を力学的に解明し、専門技術者の経験やノウハウによって次の対策を検討することができるようになった。

このような状況を背景に、現場に観測を導入し、その結果を利用しながら施工を進める観測施工が不測の事態に対処するシステムとしてより重要視されるようになってきたのである。最近では、この観測施工の実施が工事仕様のなかに明記され、工事管理体制に疑義をはさまなければならないようなケースは少なくなってきている。

3.2.3 工事管理の自動化システム

観測施工は、通常、計測管理システムと設計の見直しからなる。今後、管理の自動化に伴って推論システムを兼ね備えた変状管理システムやリアルタイム管理を可能とするモニタリングシステムへの拡張が急がれている。また、現場－本社間のデータ一元化のみならず要素システム間のデータ一元化が必要視され、オブジェクト指向型モデル環境の構築の試みもなされている。オブジェクト指向とは手続きでなくデータや処理手順といった対象そのものを中心とした考え方である。ある機能を実行するために必要なデータや処理手順を一つにまとめたものをオブジェクトという。ユーザーはオブジェクトを利用するだけで、処理の結果を簡単に得ることができる。

システム構築対象はNATMトンネル、山留め、斜面、近接施工などが主流であり、図3-4に、それらを対象としたシステムとその構成技術内容を示す。

図3-4が示すように、トンネル等各工事対象に関して、観測施工システムはすでに構築されており、現在、自動化システムのための知識ベースシステムの構築、可視化のための三次元CADシステム構築が進められている。

第3章　観測施工から情報化施工へ

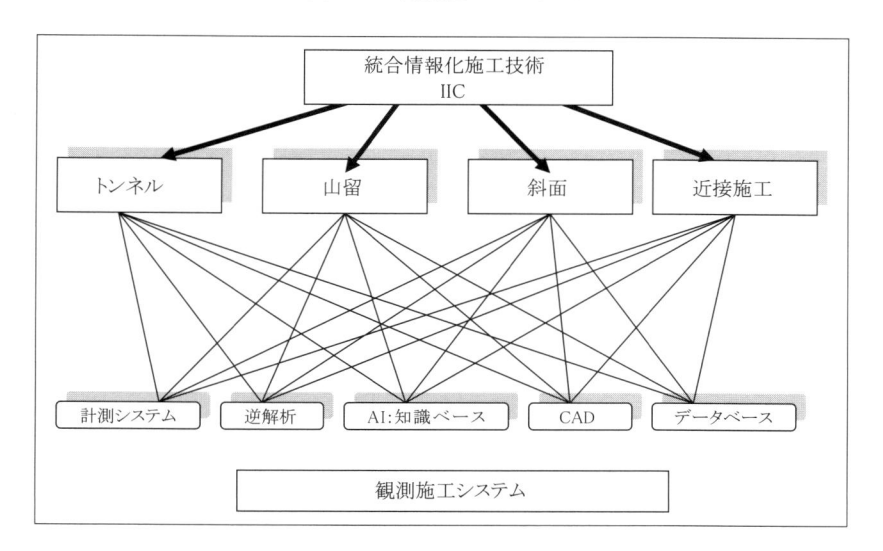

図 3-4　観測施工システム

```
                    統合情報化施工技術
                          IIC
          ┌──────┬──────┼──────┬──────┐
       トンネル    山留     斜面    近接施工

    計測システム  逆解析  AI:知識ベース  CAD  データベース

                    観測施工システム
```

3.2.4　知識ベース

　工事管理の自動化システム構築のためには技術ノウハウの蓄積・共有化が欠かせないが、専門家が持っているノウハウをコンピュータ上に植え込み、その知識が集まったものを用いて、工法選定、診断、設計等を行う推論システムを知識ベースシステムといい、エキスパートシステムと同様な意味を持つ。逆解析、CAD等既存システムの知的化という面においても、情報化施工技術の今後の成長を考えていく上で必要不可欠な技術である。

　エキスパートシステムは、10年ほど前に、専門家に代わるシステム作りとして非常に脚光を浴び、実用システム作りも急成長を遂げた。身近な開発事例でも、法面設計システム、コンクリート劣化診断システム、山留め工法選定システム、トンネル施工計画システム等多数ある。その起原は経験工学に基づく医学分野にあり、意思決定を含めすべてがこのシステムによって可能であることがあまりにも表面化したために、最近では、他のアプリケーションと組み合わせることによるシステムの知的化がその開発動向となっている。特に、CADと組み合わせた知的CADシステムの設計における有効利用が図られている。

　今後、情報化施工技術として開発していくには、推論システムよりもモデル構築技術であるオブジェクト指向型に着目して、技術ノウハウの蓄積に注目すべきである。

3.2.5　データベース

　データベースは、その使用目的によって大きく技術データベースと管理データベースに分けられる。データベースの主要目的もやはり情報の共有化である。工事現場は、現業の最前線であるにもかかわらず情報に関して孤立していることが多く、スムーズに最新の情報を得る手段を持つことが望まれているのは周知の通りである。建設技術者の多くは個人単位では非常にすばらしい技術・情報を持っているが、その技術が共有化されていないのが現状であり、データベースの利点は、これらの情報を共有化することにより、その情報の有意性が共有化の規模に

比例して、級数的に大きくなっていくことである。

特に、技術データベースからは、新工法、特殊工法等の技術情報をはじめ、過去の事例、特に失敗例の検索が可能であり、これを統計解析技術等と結びつけることによって初期状態から最終状態の予測、設計変更時の根拠作成、知識ベースへのノウハウの供給など技術データベースにはさまざまな使途がある。

また、管理データベースは現場間における工事一般情報の交換、現業へのフィードバックを目的とした原価・労務情報の集中管理等への利用が考えられる。

建設各社は独自のデータベースを構築運営しているが、情報化施工としての有効利用を図るためには分散型データベースをサーバーに持たせて、これを相互に有効利用するためのネットワーク環境の整備、出入力の自動化が必要不可欠である。

3.3 情報の統合化に向けて

3.3.1 リアルタイムモニタリングシステム

近年、近接施工、山留め工事等の大規模化・複雑化に伴い現場状況の変化を可視的に表現、管理していく必要性が高まっている。リアルタイムモニタリングシステムとは、テレビモニターや三次元CADを用いて、現場の計測データの表示、解析結果の出力、出来高の表示、数量のチェック、変状原因・対策工の提示等を即時に行うシステムである。つまり、現場の状況を全体的に観測しようとするもので、前述の観測施工システムをさらに拡張したシステムといえる。特に、管理の自動化という観点からすると、施工時のトラブル防止や設計変更に対する即応性からもこのシステムの重要性は明らかである。この考え方は第6章の遠隔モニタリングで説明する。

3.3.2 情報の統合化

現業の生産性の向上を図るために情報の統合化は必要不可欠であり、組織を越えていかに情報の共有をめざすか、いかに情報の流れをスムーズにするかが重要なポイントとなる。コンピュータ技術とインターネットの発展によって、統合化を実現する環境は整いつつあるが、この環境をいかに生かすかが、これからの情報化施工の成功を握る鍵である。図3-5に情報の統合化の例を示す。

建設企業の組織指向統合情報化施工を示す図が表すように、情報の統合化には、二つの大きなプラットフォーム、つまり高品質で高速かつ廉価な情報ネットワークと生産技術が必要である。この二つのプラットフォームにより情報の統合化・集中管理が行われ、情報の加工、情報のフィードバックという本来の情報化施工が達成される。

もうひとつの図3-6に示されているのはプロジェクト指向情報化施工であり、現場で得られる情報を次の構造物管理フェーズに有効に移行させようというものである。

従来、報告書を作成すればそれで終了とされていた現場でのデータが将来の維持管理に生か

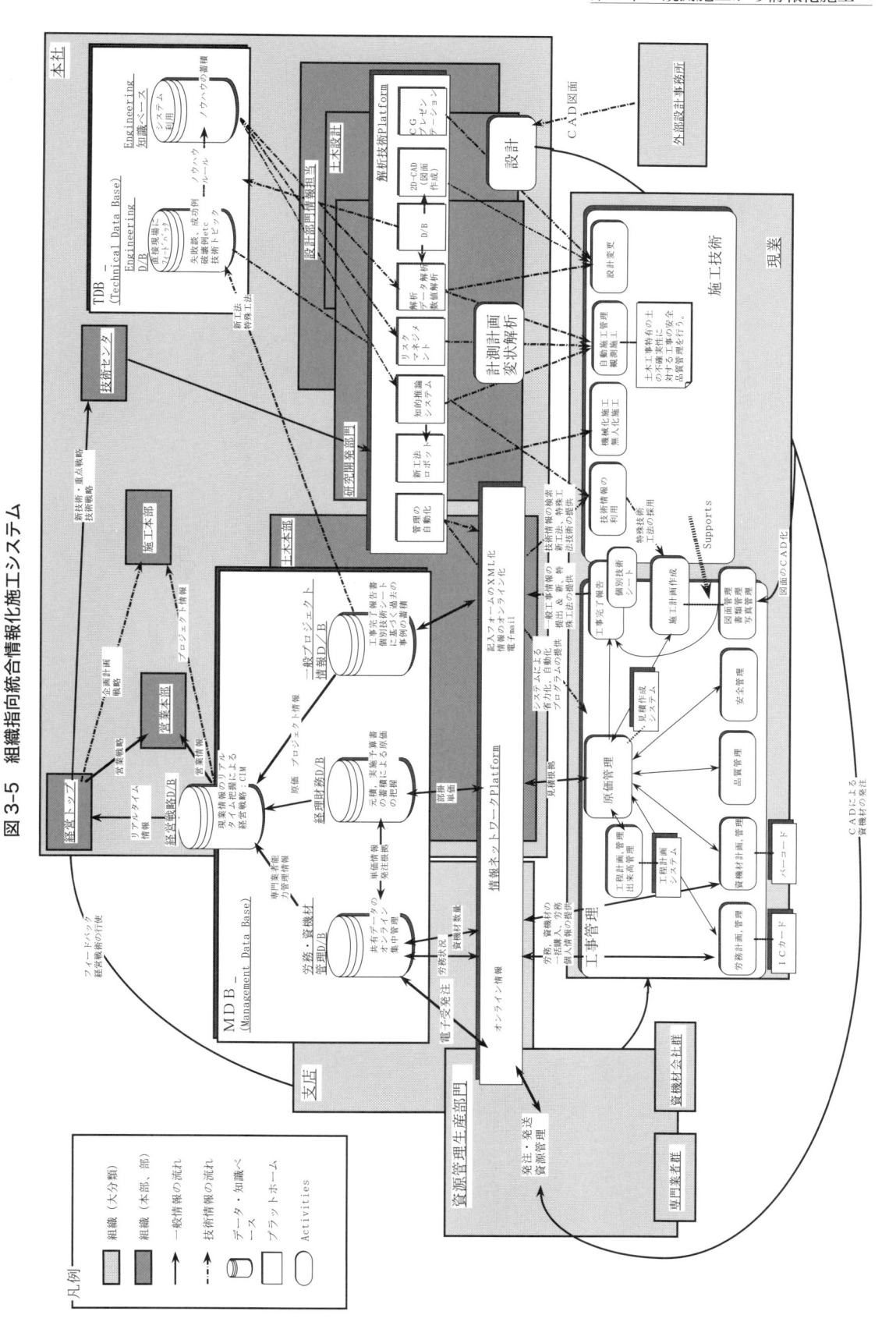

第3章 観測施工から情報化施工へ

図3-5 組織指向統合情報化施工システム

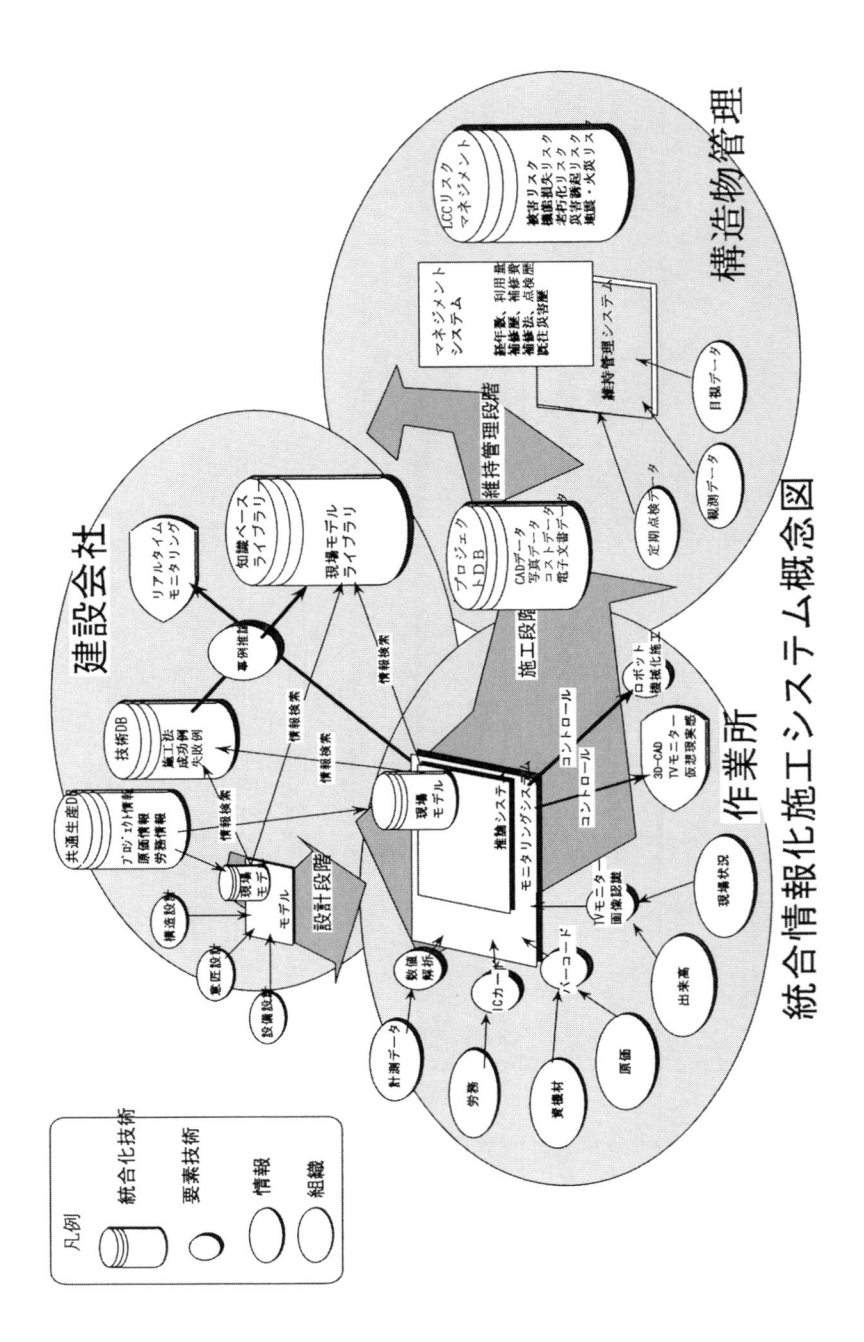

第3章　観測施工から情報化施工へ

図 3-6　プロジェクト指向情報化施工システム

されるようにするための電子データの受け渡しが計画されている。

プロジェクト指向情報化施工の例を第4章、第5章で検証する。さらに組織指向統合情報化施工について今後の建設企業のあり方を第9章で示す。

参 考 文 献

1) 地盤工学会：土質試験の方法と解説，1990.3
2) J.A. Hudson 著 / 丸井英明・野崎保　共訳：岩盤工学の基礎，オーム社，1991.8
3) 日本材料学会：ロックメカニクス，技報堂出版，2002.3
4) 三木幸蔵著：岩盤力学入門，鹿島出版会，1986.11
5) 全国地質調査連合：一部欧州と日本の地質　http://www.zenchiren.or.jp/tikei/index.htm
6) 日本鉄道建設公団：津軽海峡線工事誌，1990.3
7) New Civil Engineer/TML: The Making of the Channel Tunnel, A New Civil Engineer/Transmanche Link Publication
8) A.Suzuki et al: Present Status of Expert Systems in Construction Company, CIFE Symposium Proceedings, Stanford University, 1990
9) 現場計測計画の立て方編集委員会編：現場計測計画の立て方，現場技術者のための土と基礎シリーズ17，土質工学会，1990.4
10) 鈴木明人・百崎和博・青木俊彦：情報化施工技術（総論），土質工学会中部支部（調査・設計・施工技術報告会），1992.4

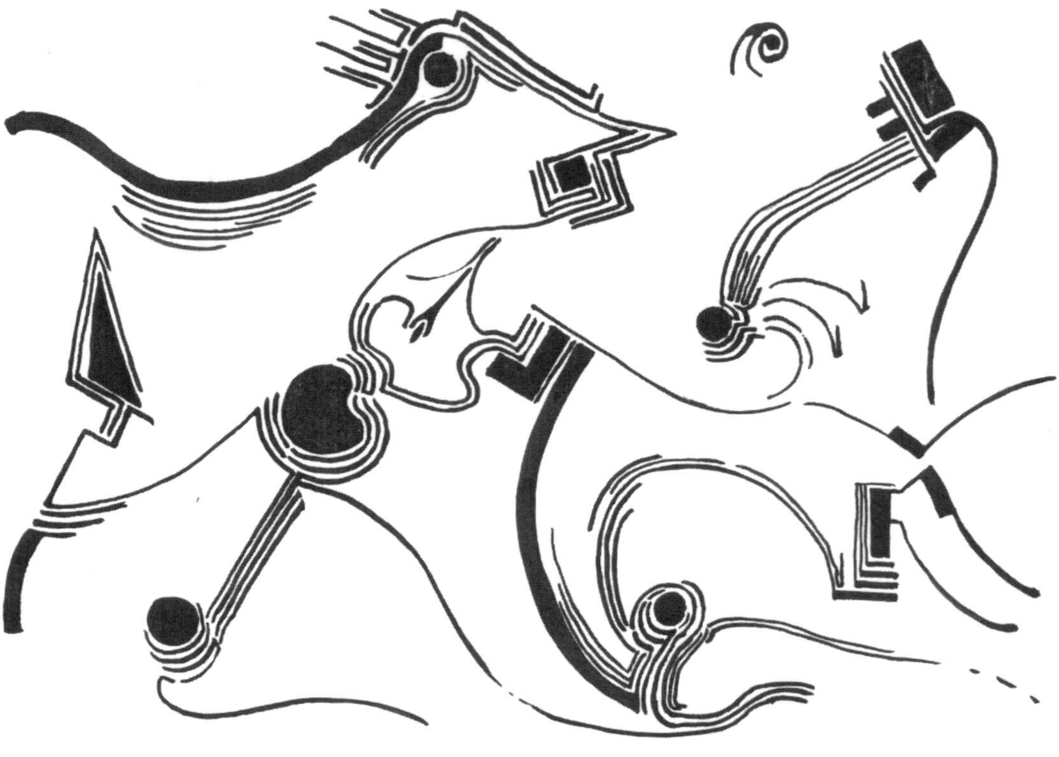

第4章　土を対象にした情報化施工

　プロジェクト指向の情報化施工の代表例を本章で、土を対象にした山留めで、次章で岩を対象にトンネルで説明する。

4.1　山留めとその問題点

　構造物を建設する際に行われる土砂の掘削時に、地山の保持のために必要な技術が山留めである。土は掘りやすいが、掘ってそのままにしておくと変形し崩壊するので、これを防ぐために山留めが必要となる。

　山留め工事には壁となる部材と、この壁を支える支保工が必要であるが、壁材としては、古くは木材が、現在では鋼材や鉄筋コンクリートなどが使われている。また支保工も鋼製切梁からアンカーなども用いられるようになってきている。

　過去、建設工事の事故の多くは地下工事において発生しており、山留めと事故は深い関係があった。

　テルツアギーは観測施工（Observational Method）を強力に推進する必要があると述べたが、これは、不確定な土圧や水圧を多数の実測によって解明し、その中で、真の外力を算定する方法を確立しようとした試みとして高く評価されている。

　わが国においても、経験工学に基づき、山留めのための各種工法が開発され実用化されてきたが、鋼製支保工が多く用いられるようになるまでは、掘削範囲をいっきに掘るのではなく、アイランドカット工法やトレンチカット工法のように分割掘削を行うことが重要と考えられていた。

　1963年、山留め根切り工事の際に大規模な崩壊事故が発生し、山留めの安全管理についての議論が沸騰した。1969年には、「建築の技術『施工』」3号において山留めの事故例が取り上げられ、事故防止対策が急務とされた。

　1960年代の山留め事故は、山留め壁全体が崩壊するような大規模な事故が多かったが、施工法や計測法さらに設計法の進歩につれ大規模なものはしだいに減少してきている。

　山留めについて考えながら、どのような事故が起こるかを検討してみる。図4-1は山留めの掘削順序と土圧の発生について示したものである。

　この図において、山留め壁で囲まれた内部を掘削すると、掘削側の土が除かれるので、背面側の荷重（主働土圧）が山留め壁に作用する。山留め壁の剛性が非常に強く変形を起こさないときは、背面側にゆるみを発生しないが、ゆるみが発生すると作用する荷重は増加する。

　掘削側には支保が必要であり、この支保と山留め壁本体さらに下部の根入れ部で発生する抵抗（受働）土圧で、山留め壁は背面側の土圧を支えることになる。

第 4 章　土を対象にした情報化施工

図 4-1　山留めの掘削順序と土圧の発生

① 地盤掘削前　山留め壁が地盤に打ち込まれる。壁にかかる土圧は零である。

② 内部を掘削し 1 段目の支保を実施する。　壁には土圧が作用する。右壁の荷重を示す。

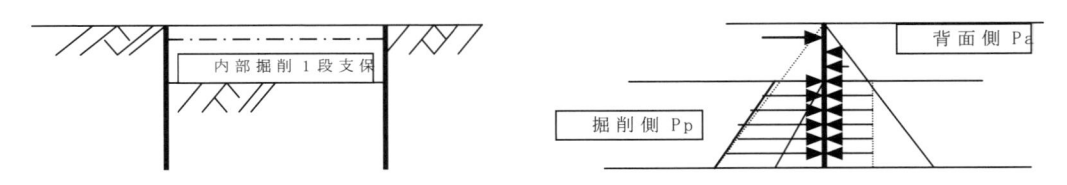

③ さらに内部を掘削し 2 段目の支保を実施する。壁にかかる土圧は増加し支保の力も増える。

　山留めの事故は山留め壁と支保が背面側の土圧を支えきれなくなったときに起こるもので、**図 4-2** に代表的な 5 崩壊パターンを示す。

図 4-2　山留め壁の崩壊パターン

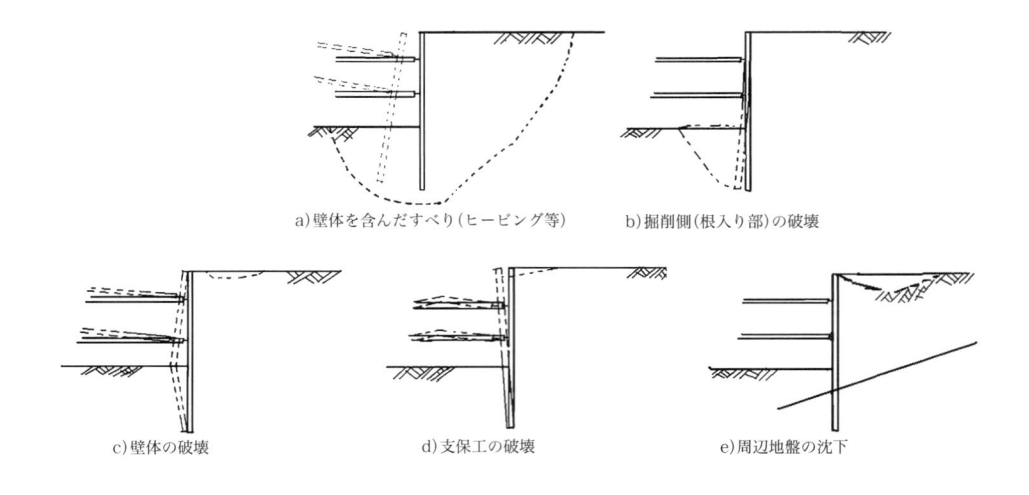

a) 壁体を含んだすべり(ヒービング等)　　b) 掘削側(根入り部)の破壊

c) 壁体の破壊　　d) 支保工の破壊　　e) 周辺地盤の沈下

この中で、壁体を含んだ全体すべりや壁体の破壊などは重大な事故につながる可能性が高いので特に注意が必要である。事故が起きたときに問題となるのが設計法と施工法であるが、ここで設計法について述べる。

4.1.1 山留め設計法

山留め壁の設計法は、その考え方によって次の2種類に分けることができる。

(1) 見かけの土圧を使用する方法

見かけの土圧分布は、山留め壁に実際に作用している土圧分布とは異なり、側圧分布を切梁反力により逆算して安全側に定めた側圧分布である。テルツアギー・ペックの改訂分布のほか、これを基本として、新たな実測結果を加味した多くの見かけの土圧分布が提案されている。

この見かけの土圧を使用する計算法の特徴をあげると、

① 切梁反力および腹起こしの応力を比較的簡便な方法によって近似的に推定できる。
② 経験的に定めたものであるから、従来の山留めに対しては適用できるが、特に深い掘削については原則的に適用できないという問題を抱えている。

(2) 実際の土圧を使用する方法

理論あるいは土圧計を使用した実測結果に基づいて、掘削段階ごとに実際に壁に作用するであろうと推定される土圧を用いる方法であり、根入れ部の抵抗土圧の考え方によって大きく4種の方法に分けられる。

① 弾性法：根入れ部の抵抗土圧は壁の変位に一次比例すると仮定して、壁を弾性床上の梁として扱う方法である。
② 弾塑性法：根入れ部の抵抗土圧特性に弾塑性的挙動を仮定する方法である。
③ 塑性法：根入れ部の地盤が塑性平衡状態になった場合を仮定し、抵抗土圧として受動土圧を採る方法である。
④ 仮想支点法：根入れ部に仮想支点を想定して、仮想支点の反力として、抵抗土圧を評価する方法である。

これらはすべて施工順序を考慮した逐次計算法を採用している。

1965年代は建設業界にもコンピュータが導入された時期であり、1971年には、大手建設会社で「山留め工事設計見積もり電算化プロジェクト」がスタートし、1973年に連続梁法を用いたシステムの開発が終了している。この時代は、各種の山留め設計法がさかんに発表され、あらたに導入されたコンピュータによる処理とあいまって検討がつづけられた時代であった。

その後現在に至るまで設計法の研究は継続して実施されているが、この間も事故はつづいている。事故を防ぐには観察と計測が必須であり、十分な観察と計測を実施していれば事故は発生しないはずである。

第4章 土を対象にした情報化施工

4.2 山留め計測

それでは、実際の掘削工事を例として、どのような計測が実施されるかを検討してみる。山留め計測計画の第1段階は計測計画の立案である。第2段階では日常安全管理計測が行われる。第3段階は観測データをもとにした逆解析となりさらに予測解析に進む。

4.2.1 計測計画

図4-3は斜面を持つ丘陵地に半地下構造物を建設する予定地の平面図である。掘削計画の断面図は図4-4のようになり、山留めは地下連続壁・親杭および支保となるアンカーで構成されている。

この計画地は背面に丘陵地を背負っているので、丘陵地の斜面観測と山留め部の壁体安定のための計測が計画された。山留め部の計器配置を図4-5に示す。

この山留め部には、アンカー土圧計、壁体に取り付けた2種類の土圧計、間隙水圧計、挿入式傾斜計、固定式傾斜計、鉄筋計、コンクリート有効応力計が取り付けられている。

先に述べた崩壊をどのように検知するかを示したものが表4-1であり、横に測定項目および測定法、縦に崩壊タイプを表している。

表4-1 崩壊パターンと計測項目の関係

	壁体頭部移動量	掘削側土水圧	壁体変位	壁体応力	支保工荷重	背面地盤地中変形	背面地盤沈下測量
	測量	土圧計 間隙水圧計	挿入式傾斜計	鉄筋計 歪計	荷重計	挿入式傾斜計	測量
a) 壁体を含んだすべり	○		○	○		○	○
b) 掘削側（根入部）地盤の破壊		○	○				
c) 壁体の破壊			○	○	○		
d) 支保工の破壊			○		○		
e) 周辺地盤の沈下						○	○

どの測定法によりどの崩壊タイプが一番早く検知されるかが○印で示されている。大事故に至る可能性の高い「壁体を含んだすべり」は、さすがに、いろいろな測定法により検知される。さて、このときの計測データの処理であるが、図4-6に示すフローでデータ分析が行われる。

このような計測は自動計測であるが、人間の目による確認も重要であり、

① 地下連続壁のクラック
② アンカーのゆるみ

第4章 土を対象にした情報化施工

図4-3 斜面及び半地下構造物山留め掘削平面図

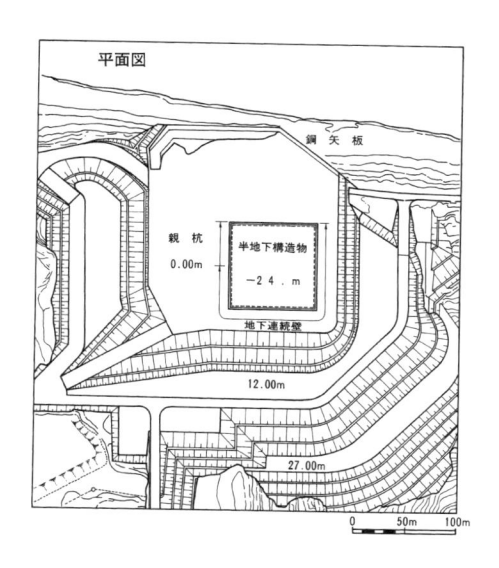

図4-4 山留め掘削断面図

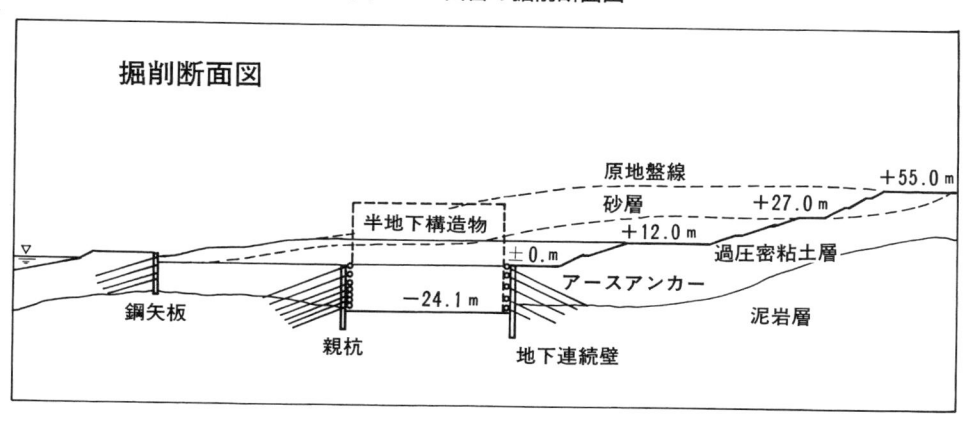

図4-5 山留め部計測器配置断面図

凡 例

◇	アンカー荷量計
△	土 圧 計
■	パネル式土圧計
▭	間 隙 水 圧 計
┃	挿 入 式 傾 斜 計
▽	固 定 式 傾 斜 計
⊞	鉄 筋 計
○	コンクリート有効応力計

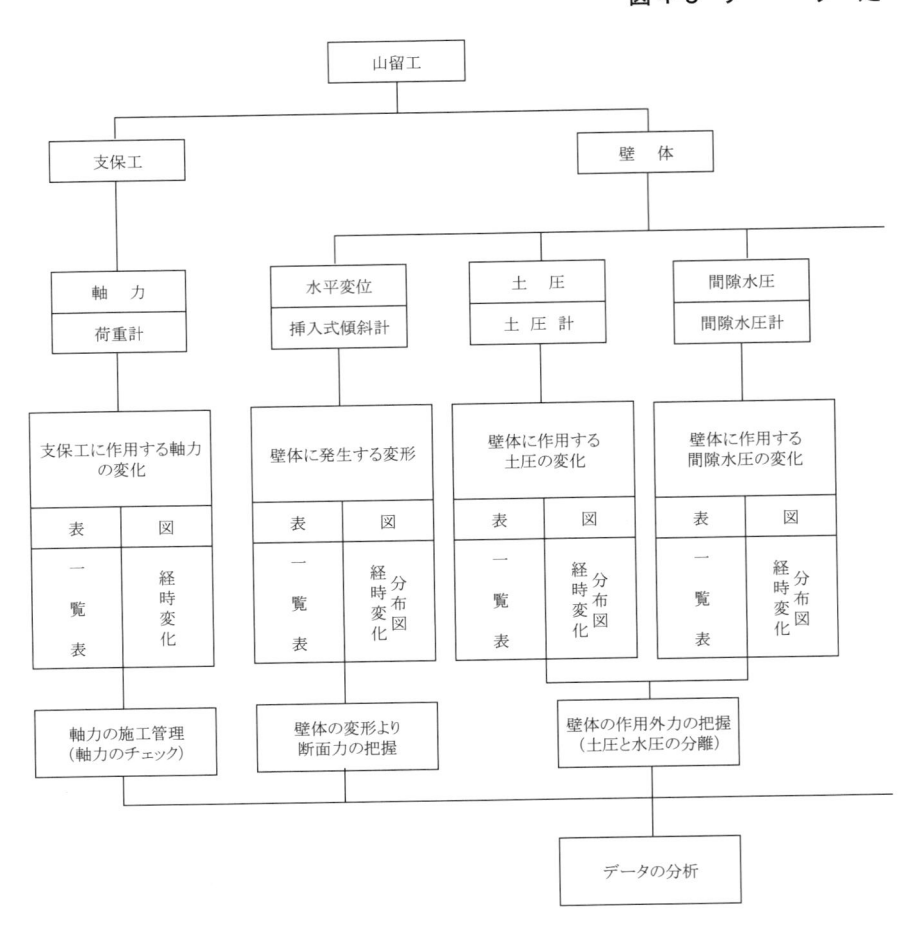

第4章 土を対象にした情報化施工

図4-6 データ処

```
                              山留工
                    ┌───────────┴───────────┐
                  支保工                    壁体
                    │          ┌────────────┼────────────┐
                  軸力       水平変位       土圧        間隙水圧
                  荷重計    挿入式傾斜計    土圧計      間隙水圧計
                    │          │            │            │
              支保工に作用する  壁体に発生する  壁体に作用する  壁体に作用する
                軸力の変化      変形        土圧の変化    間隙水圧の変化
                  表  図       表  図       表  図       表  図
                  一  経       一  分 経     一  分 経     一  分 経
                  覧  時       覧  布 時     覧  布 時     覧  布 時
                  表  変       表  図 変     表  図 変     表  図 変
                      化           化           化           化
                    │            │            │            │
                軸力の施工管理  壁体の変形より  壁体の作用外力の把握
                (軸力のチェック) 断面力の把握  (土圧と水圧の分離)
                                              │
                                          データの分析
```

③ 掘削地盤の盤ぶくれ
④ 周辺地盤のクラック・沈下
⑤ 壁体面からの湧水状況

などは、技術者が自ら確認し記録に残すことが必要である。

4.2.2 日常管理

　計測と日常の管理が十分に行われれば、山留めの崩壊は防ぐことができるが、管理体制と管理値の決め方は、常に論議の的となるところである。

　計測計画は管理方法をふくめて考えるべきであり、計測のやりっぱなしでは、何のための計測かわからないことになる。

　表4-2と**表4-3**は標準的な施工管理体制と管理基準値である。

　管理体制表の中には対策工の項目がある。対策工を考えるには、例えばアンカー支保の場合、計測でアンカーの引張力が設計力より大きいことが判明し、計画アンカーでは耐力が不足すると予測された時に、追加アンカーをどこに打設するか、その時の緊張力をいくらにするかなどを検討して対策案としておく。このような対策案があれば、壁体の変形が大きくなる前に予測

第4章 土を対象にした情報化施工

理フロー図

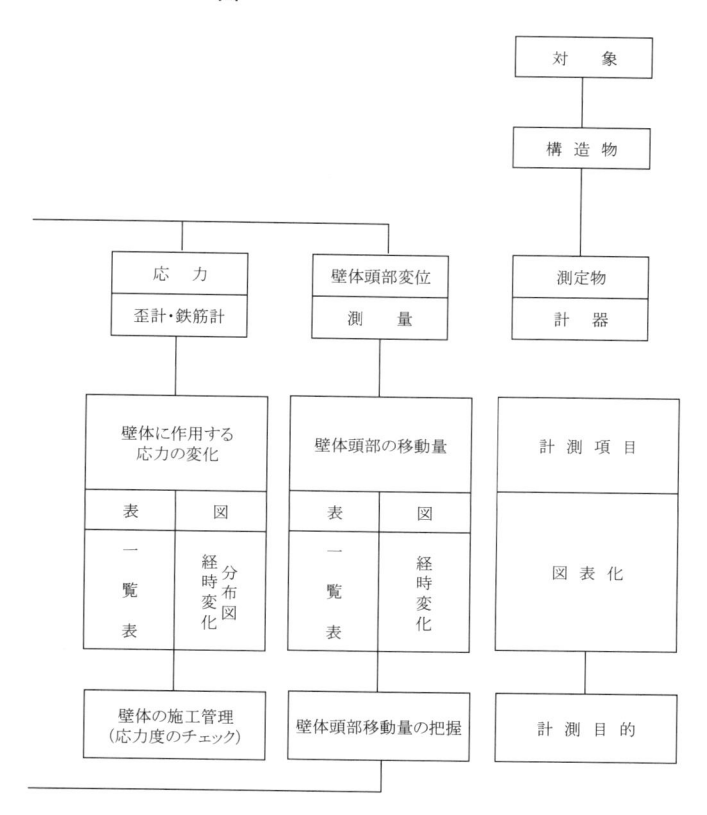

図4-7 山留め情報化施工フロー

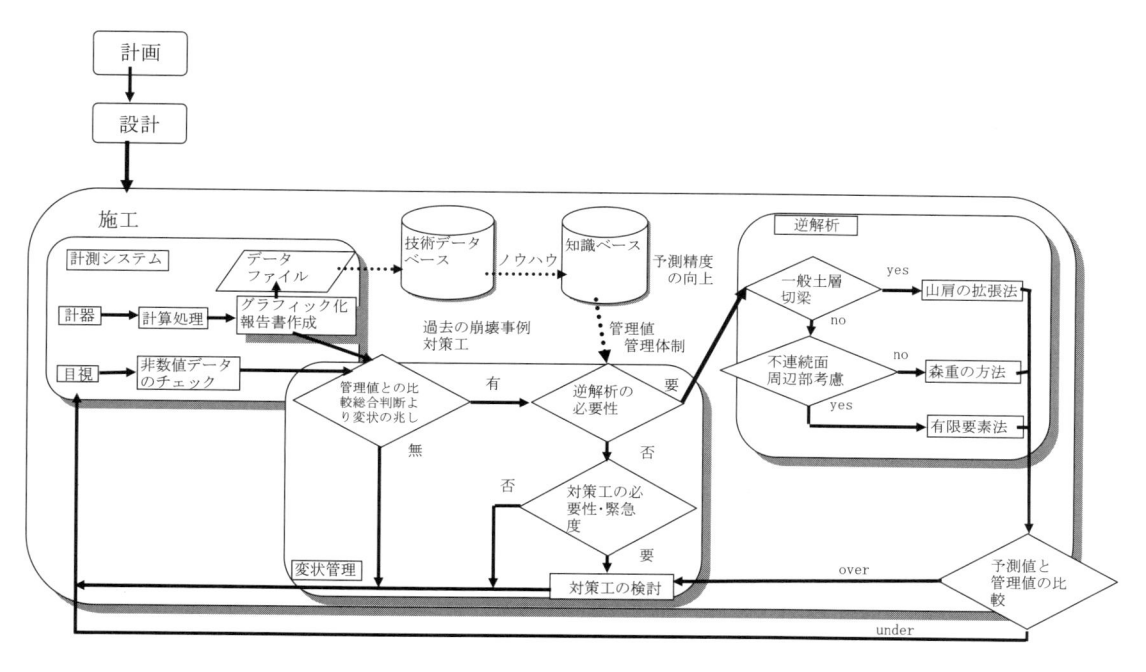

― 45 ―

第4章　土を対象にした情報化施工

結果を用いて、すばやくアンカー支保を増設することが可能となる。
　このような考え方をまとめたものに山留め情報化施工がある。

4.3　山留め情報化施工

　地盤の掘削・山留め工事に関しては、従来からさまざまな経験と研究が蓄積されてきているが、いまだ不明確な問題も多く、施工前の計画、設計のみでは安全性、経済性を確保することが難しい。特に近年、工事は大型化、近接化しており、また軟弱地盤での工事も増加している。このような状況下で筆者らが実施している山留め情報化施工のフローを**図4-7**に示す。
　施工中に山留めの挙動を計測により管理し、そこで得られたデータを設計レベルにまでフィードバックしながら工事を進めることは、いまや現業においては当然のことである。計測による施工管理は、施工中の地盤沈下・移動・変形、地下水の動き、山留めの崩壊、周辺地盤

表4-2　施工管理体制

		定常管理体制	注意体制	警戒体制	工事中止	備　考
管理値の有る計測データに対して		———	≧第一次管理値	≧第二次管理値	限界値	
管理値の無い計測データに対して		———	異常状態の発生	異常状態の発生	異常状態の発生	
計測頻度	掘削中	1回/1日	1回/1日	2回/1日	2回/1日	目視により、背面前面地盤のクラック、盤ぶくれを毎日チェックする
	掘削後	1回/1日	1回/1日	2回/1日	2回/1日	
報　　告		1回/1週	1回/1日	1回/1日	1回/1日	
対　策　工		———	協議する	施工する	本格的に施工	
管理値の見直し		しない	しない	する	する	
工　事　続　行		する	する	しない	しない	
体　制　の　復　帰			原因を究明した結果、問題なしと判定されたら監督員の承認を得て体制を復帰する			

表4-3　管理基準値の例

	一次管理値	二次管理値	限界値
壁体応力 切梁軸力	許容応力度×0.8 OR 設計値	許容応力度	降伏点強度×0.9
壁体変形	設計値	—	—
土　圧	(設計土圧)	—	—

具体例

	一次管理値	二次管理値	限界値
壁体応力 SS41 (kgf/cm^2)	許容応力度×0.8 1,680	許容応力度 2,100	降伏点強度×0.9 2,160

に対する障害、ヒービング（軟弱粘性土地盤において、山留めの背面の土が掘削底面へまわりこみ、掘削底面が膨れ上がること）やボイリング（透水性地盤において、土のせん断抵抗が急激に低下して、掘削底面から水と土が噴出すること）などの危険な予兆を事前に把握し、速やかにこれに対応することを目的としている。そして必要に応じて、計測結果を基に設計時点で仮定した地盤定数を見直し、再設計を行う。これには逆解析と呼ばれる手法を用いる。計測結果にフィットするように設計定数を土質工学的判断により修正し、そこで得られた真の地盤定数により次段階以降の山留めの挙動を予測する。これにより安全性の確認・過大設計の修正を行い、現業の経済性・合理性を追求する。これら一連の手順を計測管理のフローのなかに取り込むことにより予測と確認が繰り返し実施され、その結果予測精度が向上し、より実情に即した管理すなわち効果的な工事管理が可能となる。逆解析には、通常、梁－バネモデルの弾塑性法（材料が弾性変形を越えると塑性変形を起こす：この両方の領域まで解析する方法）が多く適用されるが、山留め壁のみならず周辺地盤・構造物の影響あるいは不連続面の影響を考慮する際には有限要素法も用いられる。有限要素法とは Finite Element Method（FEM）のことで対象とする物体を、有限の広がりを持つ要素に分割し、要素特性を組み立てて、全体の系の力学的挙動を解析しようとするものである。

　ここまで計測管理によって安全な施工を行うことができると述べてきたが、計測管理データを利用した設計時の計算方法の研究では、根本に土圧をどう考えるか（三角形分布で考えるか、根入れ部下の土圧を低減させるか等）という問題がつきまとい、現在も検討が続いている。

　計測結果に基づく解析法や理論に基づく解析法と設計法とは表裏一体の関係にあり、解析法が進歩すれば同一の手法を設計にも採用するように推奨されることになる。例えば不連続面を含む地盤などでは、設計にあたって地盤の構成状態を十分に調査した上で有限要素法による検討を行うことが多いが、検討例がさらに増え、かつ解析法の進歩につれて計算が容易になり、その解析結果で施工した山留めの測定土圧が解析時に仮定したものと一致すれば、有限要素法を通常地盤設計の場合にも簡易に使えるようになるであろう。

4.3.1　山留め情報化施工の検討

　山留めの設計法に関する研究が進むなかで、コンピュータの活用がますます広がり、現場における計測とデータ解析技術が大幅に進歩した。特に大手建設会社各社においては、計測データ処理と逆解析から予測解析を含めた情報化施工システムを開発・運用している。

　このシステムの中心にあるのは逆解析である。逆解析さらに予測解析手法を持っている会社は多数社あるが、その運用方法の違いから2グループに分けられる。第1グループは、計測結果を基準値などと比較して現状の安全性の確認を行い、その結果安全であると確認できたら、逆解析や予測解析を実施せずに次のステップに進むものである。第2のグループは計測結果を基準値などと比較して現状の安全性の確認を行い、その結果安全性が確認された場合にも、さらに逆解析や予測解析を実施して将来の安全性を確認しようとするものである。この相違はデータを有効に利用するかどうかの違いである。

第4章　土を対象にした情報化施工

ここに逆解析と予測解析について示す。

① 逆解析手法

逆解析手法としては弾塑性モデルや仮想支点法さらに有限要素法モデルがあるが、いずれも、予測解析で仮定した地盤定数について真の入力定数を把握することを目的としている。

民間企業が保有している逆解析システムは弾塑性モデルや仮想支点法によるものが大半であるが、有限要素法モデルによるものも増えてきた。また逆解析で求める未知量は側圧と地盤反力係数が主なものである。

② 予測解析手法

予測解析のねらいは工事の次段階の安全性確保であるが、設計変更を確実にできるようにしておくために採用するという意見も多い。

解析手法としては弾塑性モデルが多いが、有限要素法モデル、その他、統計的予測モデル、弾性モデル、単純梁・連続梁モデルがそれぞれ開発され利用されている。

4.3.2　解析システムの紹介

筆者らは、解析システムとして、①山肩の拡張法、②森重の変形法、③有限要素法の3方式を開発し、多くの実工事において適用している。

変形法による山留め壁解析の対象となる構造体は、山留め壁体・切梁（アンカーを含む）・地盤である。作用荷重は土圧・水圧からなり、水圧を除いては一次的な弾性体として扱う。壁体に働く土圧は、壁体が変位しない場合は静止土圧が作用し、壁体の変位に応じて、地盤バネが、また完全塑性化した場合には、受働・主働土圧が作用する。

ここでは壁体に作用する力について示すだけにとどめる。

山留め壁解析で考慮すべき外力は、背面側および掘削側の土圧、および切梁（アンカー）の導入力である。これらの力を、壁体・切梁（アンカー）および地盤（バネ）が支えている。

作用土圧の強さに関していえば、壁体が変位を受けていないときは背面側・掘削側ともに釣り合いを保っており、両側から壁体には静止土圧 P_s が作用すると考える。掘削が始まると壁体は変形するが、土が塑性化しない間は地盤バネ定数に対応するバネ力分だけ土圧が変化する。壁体の変位を u とし、背面側および掘削側の地盤バネ定数をそれぞれ K_a, K_p として、それぞれの作用土圧は背面側 PA，掘削側 PP で表す。

$$PA = P_s - K_a \times u$$
$$PP = P_s + K_p \times u \qquad \text{式 -4.1}$$

この状態は変位 u が、A＜u＜P の範囲の時にあてはまる。ここで A：主働塑性範囲と弾性範囲の境界変位、P：受働塑性範囲と弾性範囲の境界変化である。さらに変位が大きくなると、作用土圧は土が塑性化したときの主働土圧 P_a と受働土圧 P_p と考えられるようになる。したがって背面側・掘削側のそれぞれの土圧は下式で表される。

$$PA = P_a$$
$$PP = P_p \qquad \text{式 -4.2}$$

図 4-8 壁体変位に対する土圧

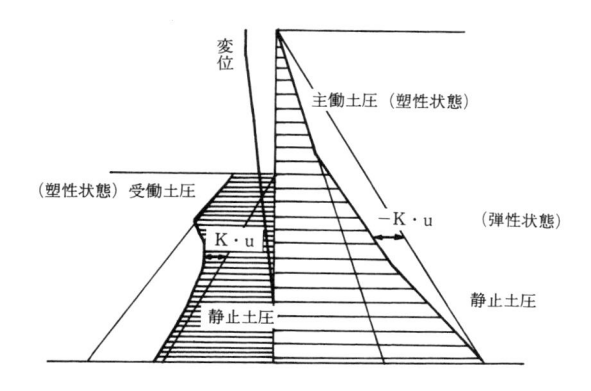

この作用土圧は掘削に伴う壁体の変位やアンカーの導入等によって弾性状態から塑性化また弾性化と複雑に変化する。壁体に作用している土圧の一般化した状態を**図 4-8** に示す。図中の横線を施した部分が、実際に壁体に作用する土圧である。ここで主働・受働土圧はランキン・ラザールもしくはクーロンの式に従うものとする。これらの土圧式は式 -4.3 で示される。

ここで注意すべきは、静止土圧の計算においては、静止土圧が主働土圧以下の場合には静止土圧を主働土圧に等しいと設定している点である。

静止土圧
$$P_{si} = Q + K_{0i} \times \sum \gamma_i h_i \qquad 式-4.3\text{-}a$$

主働土圧
$$P_{ai} = (Q + \sum \gamma_i h_i) C_a^2 - 2C_i C_a \qquad 式-4.3\text{-}b$$

ランキン: $\quad C_a = \tan(45° + \dfrac{\phi_i}{2})$

クーロン: $\quad C_a = \dfrac{\cos \phi_i}{1 + \sqrt{\dfrac{\sin(\phi_i + \delta_i) \sin \phi_i}{\cos \delta_i}}}$

受働土圧 $\quad P_{pi} = (Q + \sum \gamma_i h_i) C_p^2 - 2C_i C_p \qquad 式-4.3\text{-}c$

ランキン: $\quad C_p = \tan(45° + \dfrac{\phi_i}{2})$

クーロン: $\quad C_p = \dfrac{\cos \phi_i}{1 - \sqrt{\dfrac{\sin(\phi_i + \delta_i) \sin \phi_i}{\cos \delta_i}}}$

ここで

K_{0i} : 第 i 層の静止土圧の側圧係数
γ_i : 第 i 層の単位体積重量
h_i : 第 i 層の層厚

第4章 土を対象にした情報化施工

図 4-9 逆解析手法の比較

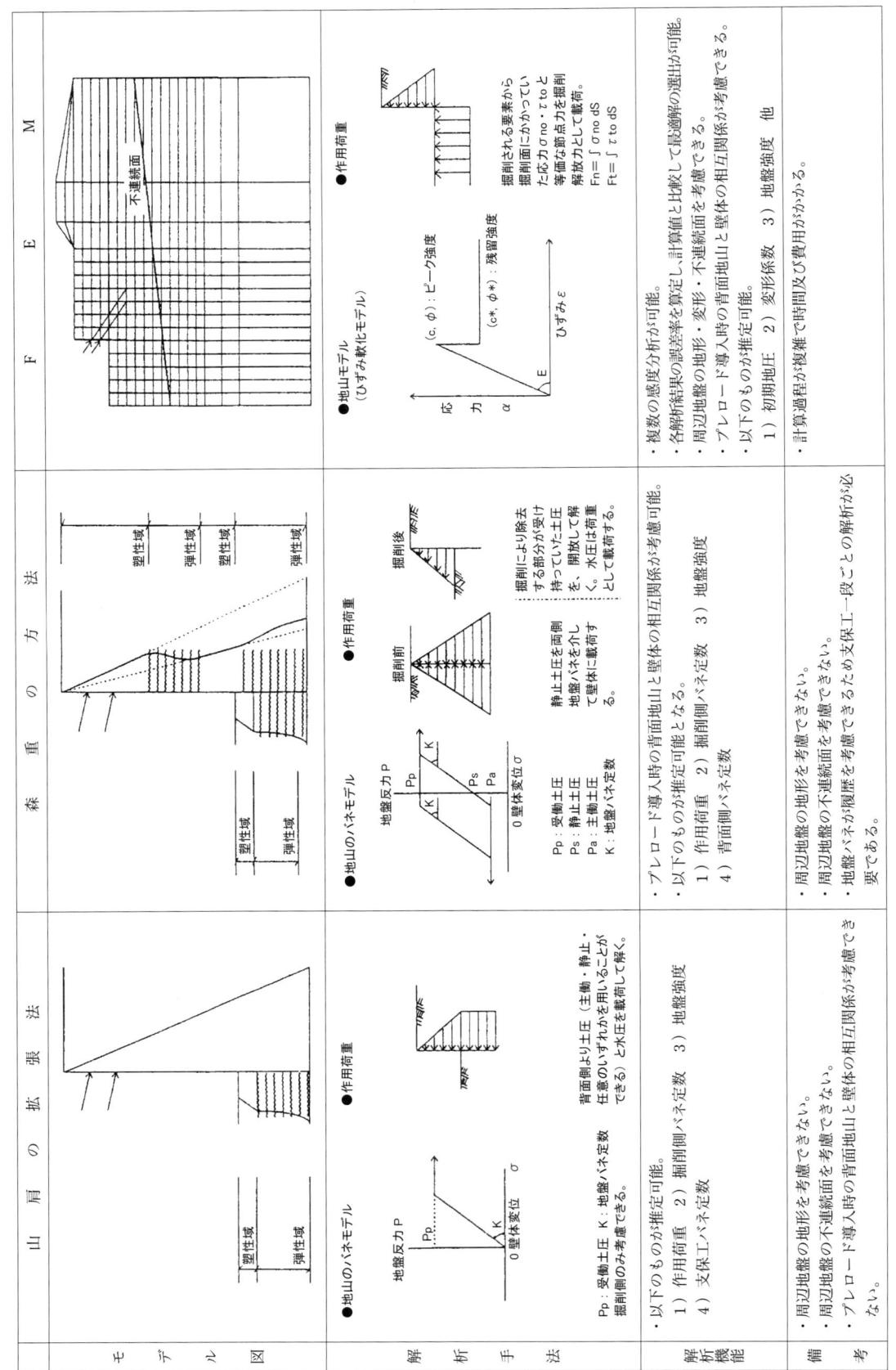

	山肩の拡張法	荷重の方法	FEM
モデル図	（塑性域／弾性域の模式図）	（塑性域／弾性域、掘削側・背面側の模式図）	（不連続面を含むメッシュ図）
解析手法	●地山のバネモデル 地盤反力 P Pp…… K 0 壁体変位 σ Pp：受働土圧 K：地盤バネ定数 掘削側のみ考慮できる。 ●作用荷重 （背面側分布荷重図） 背面側よりの土圧（主働・静止・任意のいずれかを用いることができる）と水圧を載荷して解く。	●地山のバネモデル 地盤反力 P Pp K Ps Pa K 0 壁体変位 σ Pp：受働土圧 Ps：静止土圧 Pa：主働土圧 K：地盤バネ定数 ●作用荷重 掘削前／掘削後 （分布荷重図） 掘削により除去する部分が受け持っていた土圧を、開放して解して解く。水圧は荷重として載荷する。	●地山モデル （ひずみ軟化モデル） 応力 (c, φ)：ピーク強度 (c*, φ*)：残留強度 ひずみ ε ●作用荷重 （分布荷重図） 掘削される要素から掘削面にかかっていた応力 σno・τto と等価な節点力を掘削解放力として載荷する。 Fn = ∫ σno dS Ft = ∫ τto dS
解析機能	・以下のものが推定可能。 　1) 作用荷重　2) 掘削側バネ定数　3) 地盤強度 　4) 支保工バネ定数 ・プレロード導入時の背面地山と壁体の相互関係が考慮できない。	・プレロード導入時の背面地山と壁体の相互関係が考慮可能。 ・以下のものが推定可能となる。 　1) 作用荷重　2) 掘削側バネ定数　3) 地盤強度 　4) 背面側バネ定数	・複数の感度分析が可能。 ・各解析結果の誤差率を算出し、計算値と比較して最適解の選出が可能。 ・周辺地盤の地形・変形・不連続面を考慮できる。 ・プレロード導入時の背面地山と壁体の相互関係が可能。 ・以下のものが推定可能 　1) 初期地圧　2) 変形係数　3) 地盤強度　他
備考	・周辺地盤の地形を考慮できない。 ・周辺地盤の不連続面を考慮できない。	・周辺地盤の地形を考慮できない。 ・周辺地盤の不連続面を考慮できない。 ・地盤バネが履歴を考慮できるため支保工一段ごとの解析が必要である。	・計算過程が複雑で時間及び費用がかかる。

― 50 ―

第4章　土を対象にした情報化施工

C_i ： 第 i 層の粘着力　層の上端と下端の値を指定し、層の間は、線形で補完する。
ϕ_i ： 第 i 層の内部摩擦角
δ_i ： 第 i 層の壁面摩擦角
Q ： 上載荷重

である。

　実際の計算では、土圧分担幅、等価節点荷重、地盤バネ特性、掘削解放力、アンカー導入力などを求めて逐次計算を行う。

　筆者らの解析では一般に、山肩の拡張法と森重の変形法モデルで対応している。有限要素法モデルは、地盤に不連続性を含んでいる等の特殊な場合に使用され、すべり荷重が付加されるような場合には効果が高い。

　図 4-9 に 3 種類の解析システムをまとめて示す。

　これらの解析システムは「東京湾横断道路川崎人工島建設工事」「秋田石油備蓄タンク工事」「原子力発電所本館基礎掘削工事」さらに「金町浄水場建設工事」など多くの工事の解析に用いられて所定の成果を発揮した。

　多くの解析実績より、3 解析システムで実施した計算結果で求められる土圧分布の細部の数値は完全には一致しないが、適用対象を選定すれば実用上有効であることが明らかになった。

4.4　山留め情報化施工の成果

4.4.1　逆解析

　逆解析手法とは、実験や観察から導き出される推論に従って、実験データまたは観察データから物理的に有用な情報を引き出すための数学的なテクニックの集まりをいう。

　観察される事柄すなわち物理的なものの観察記録とは測定値であり、データから成り立っている。一方、問題となる事象、つまり我々が知りたいと思っていることも物理的な数値で規定されているものとする。すなわち観察されるデータと我々が知りたいこととの関係は理論モデルによってあらかじめ仮定され規定されている必要がある。

　このように逆解析では、理論モデルがあらかじめ決められていることが前提になる。

　逆解析という用語は順解析に対するものとして使われる。順解析は、対象としている問題に関する固有の条件に従って、ある一般原理から測定データを予測する過程であり、逆解析はこの過程の逆をたどる。すなわち得られたデータを一般的な原理である理論モデルにあてはめ、もとの設定条件を確実にすることである。例えば、山の気温は基準点から 100m 上がれば 0.6 度低減するので山に行くときは防寒着を用意しろというが、これを式で書けば、

$$T_z = T_0 - aZ$$

となる。ここで T_z は基準点から $Z(m)$ のところの温度、T_0 は基準点の温度、Z はこれから上がるところの高さである。一般に $a=0.6/100$ がわかっているから 2000m の山の頂上では 12 度温

第4章　土を対象にした情報化施工

度が下がるということは容易に計算できる。

　このように順解析を解くのは簡単である。つまり、求めたい高さZを入れて式を計算するだけでよい。

　一方、高山で温度計を利用して高度を変えて温度を測定し、高度と温度の関係をグラフにして、測定値が高度と直線の関係があるだろうと仮定して、aを求める。これが逆解析である。ばらつきのある多くの実測値から答えを求めるわけであるから先の順解析を解くことより難しい。

　一般的に順解析では

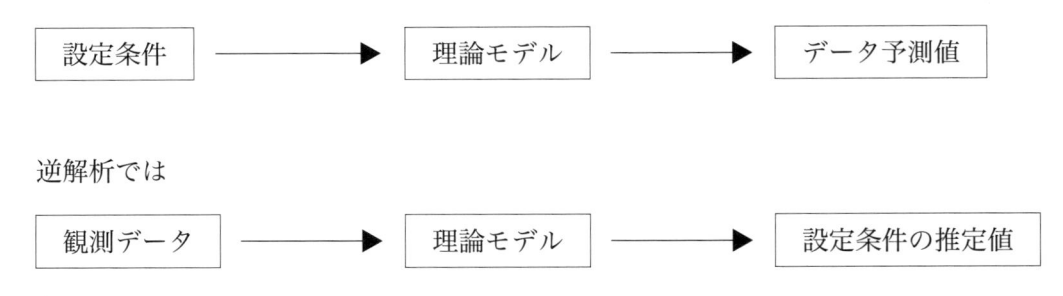

　　設定条件　→　理論モデル　→　データ予測値

　逆解析では

　　観測データ　→　理論モデル　→　設定条件の推定値

である。

　逆解析の役割は、理論モデルに含まれる未知の数値についてある情報を提供することにあり、理論モデルそのものを提示することではない。しかし逆解析で得られたデータから、設定された理論モデルが正しいかを評価することや、いくつかの想定モデルについて、その違いを調べる方法が提供されることもある。

　逆解析の主要な目的は設定条件の推定値を与えることであるが、観測データを十分に検討すると、解のよさを決めるのに有効な多くの情報を引き出すことができる。逆解析は、例えば地震の震源位置の決定・物理探査での地盤境界の決定・地盤工学の物性評価など工学の多くの分野で有効な役割を果たしている。

　筆者らが実施している逆解析では、一般に山肩の拡張法と森重の変形法を用いるが、地盤に不連続性を含んでいる場合等には有限要素法で対応し効果をあげている。このように各種の地盤に対処した解析が可能であり、適切な地盤定数が求められる。この地盤定数を用いた解析により、次段階の予測応力などが求められるので、工事の安全管理や合理的な施工の面で有効である。

　真の土圧算定には、これら3手法で用いた理論モデルがないものとして観測データを細部に検討すると、新たな事実が見出せる可能性がある。

4.4.2　山留め情報化施工の成果とその将来

　山留めの逆解析は筆者らの方法以外に、いろいろな方法で実施されており、どの方法が最適かの答えは出ていない。作用土圧は山留め構造体の剛性や施工法によっても変化するので真の土圧が何かの議論はなかなか難しいが、その中で野尻明美の提案する「仮想支点法」も多くの情報化施工による山留め機構の実測によるものの一つであり、解析例も増えている。

現在も山留め壁に作用する土圧とその支保機構に関する研究はつづいているが、いまだに結論となるような設計法・解析法は確立されていない。多くの観測データを公表し、これらを一堂に会して検討する場が持てるならば、新たな進歩が生まれる可能性が高い。

1997年に地盤工学会の「山留め架構の設計施工に関する研究委員会」は、山留め工事の事故のうち山留め構造体が崩壊した大事故についての調査を行い、その報告書の中で、1961年以降毎年1～2件、多い年では4件もあった山留めの大事故が1991年以来起こっていないと述べている。

このように情報化施工の適用により、工事の事故は著しく減少しており、情報化施工の成果はあがっている。また情報化施工の実施とそのデータを用いた逆解析技術の進展により、山留め工事での掘削に伴う支保機構の挙動が次第に明らかになってきており、近いうちに最も合理性の高い設計法・解析法だけが生き残ることになるであろう。そうなると、山留め工事の際の情報化施工の役割は今までよりは小さくなるであろうが、その後も管理手法として要求されるようになると考えられる。

参 考 文 献

1) K. Terzaghi and R. B. Peck: Soil Mechanics in Engineering Practice 2nd Edition, John Wiley & Sons, New York, 1967
2) G. P. Tschebotarioff: Large-scale model earth pressure tests on flexible bulkheads, ASCE Proc., Vol. 74, No.1, pp9-48, 1948
3) 建築の技術　施工，1969年3月号，彰国社
4) 情報化施工技術総覧編集委員会：情報化施工技術総覧　第2章　山留の情報化施工，㈱産業技術サービスセンター，1998.12
5) 中村兵次・中沢章：掘削工事における土留め壁応力解析，土質工学論文報告集，Vol.12, No.4, pp.95-103, 1972
6) 大成建設㈱：山留技術計算プログラム　山留工事数量・工程・コスト計算プログラム，1973
7) T.Aoki, A.Suzuki et al: Development of a Back Analysis Technique for Information- Integrated Construction of Retaining Wall, Extended Abstracts IV-ICCCBE '91 Conference, Tokyo, 1991
8) 山肩邦夫・吉田洋次・秋野矩之：掘削工事における切張り土留め機構の理論的考察，土と基礎，Vol.17, No.9, pp.33-45, 1969
9) 森重龍馬：地下連続壁の設計計算，土木技術，Vol.30, No. 8, pp.79-90, 1975
10) 間瀬淳平：地下工事の設計と管理，建築技術，1995年3号，pp.65-90
11) 野尻明美：地下工事の最適設計法と仮想支点法，建築技術，1995年3号
12) 宮崎祐助：根切り山留めの技術開発，土と基礎，1997年10月号
13) 大成建設㈱：変形法による山留解析プログラム，1992
14) O.C. ツィエンキービッツ他著/吉識雅夫監訳：マトリックス有限要素法，培風館，1970

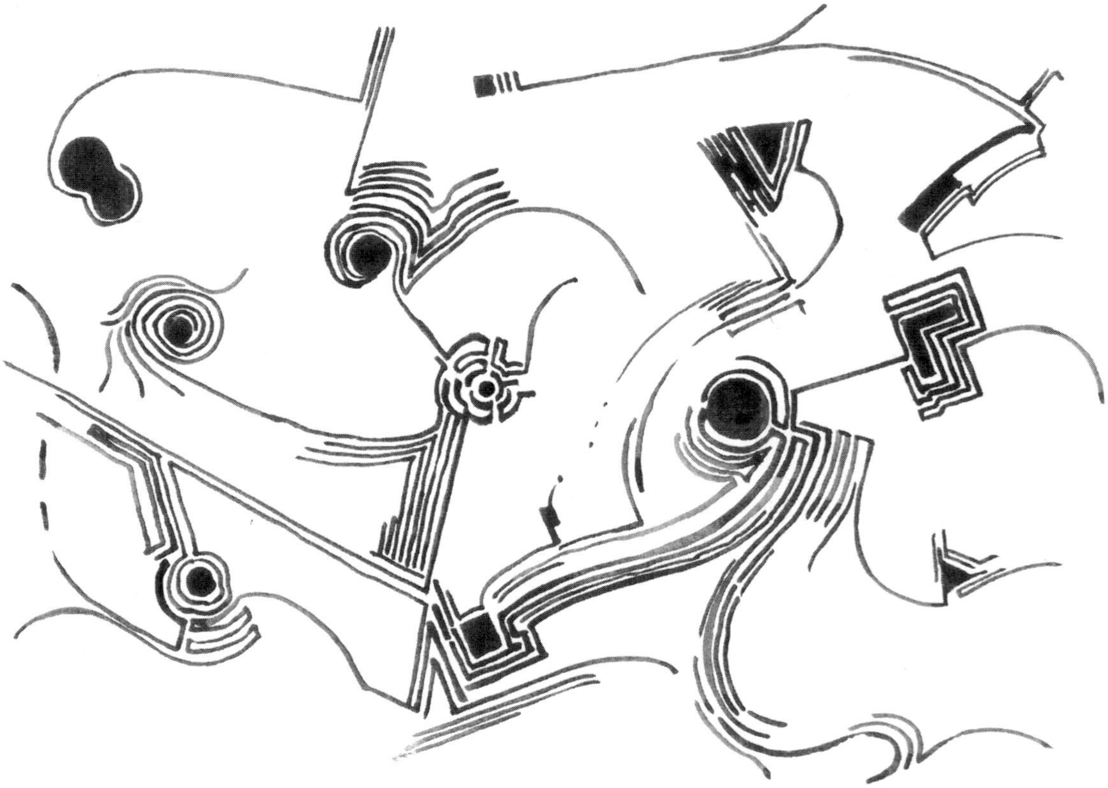

第5章　岩を対象にした情報化施工

　鉄道や自動車で移動すると、ときにトンネルを抜け、橋を渡る。川端康成はその著『雪国』の中で「トンネルを抜けると雪国であった」と、関東平野から越後湯沢に達した時のおどろきを表現しているが、トンネルを通過した後に現れる窓外の景色は一変することがある。谷川岳の下を通る関越トンネルは硬い岩との戦いのすえに開通されたもので、トンネルの歴史は岩との戦いの歴史である。

　トンネルの歴史は4000年前にさかのぼるといわれているが、はじめの頃はもちろん、のみと鎚で一打ずつ掘っていったものである。したがってトンネル掘削は容易でなく、山を越えるには峠を越えていく道が普通であった。

　1825年に蒸気機関車が発明されると、鉄道建設のためにトンネルの開削が必要となった。近代的なトンネルの掘削が行なわれるようになったのは、1866年にアルフレッド・ノーベルがダイナマイトを発明してからである。1810年代に発明された削岩機で岩に孔をあけ、そこにダイナマイトを詰めて岩盤を破砕することが可能となり、トンネルの掘削が容易になった。

5.1　トンネルと地質調査

　トンネルを保持する部材を支保工というが、この支保工も木製支保工から鋼アーチ支保工に変わり、1975年頃から吹付コンクリートとロックボルトが使われるようになり、支保工の安全性が著しく向上した。この吹付コンクリートとロックボルトによる支保工が現在も主力の支保として使われている。

5.1.1　トンネル掘削の目的
　トンネルを掘る目的をまとめると次のようになる。
① 　エネルギーと時間の節約のため
　山や川を迂回する経路をトンネルで接続することにより、交通や水運に要するエネルギーや所要時間を節約することが可能となり経済効率が高くなる。
② 　災害防止のため
　斜面に沿って道路や鉄道を建設すると斜面災害や自然災害に対する防災対策が必要となる場合が多い。安全な地下にトンネルを掘削すれば災害の発生を防ぐことができる。
③ 　環境への負荷軽減のため
　重要な文化財や遺跡が建設計画線上にある場合またすでに開発された居住地がある場合等は、その下にトンネルを通すことにより史跡や居住地の環境を破壊しないですむ。

5.1.2 トンネル設計と地質

　トンネルは上部の岩盤を残したまま掘削され、支保工の施工を繰り返して順次掘り進むことによって建設される。トンネル上部の岩盤が荷重として作用するが、荷重を支持するのも大部分が岩盤自身である。掘削時に使用する支保工は、岩盤の強度を補強、あるいは保存して、支持するための必要耐力を持たせることと、ゆるみを防止して荷重が大きくなるのを防ぐ役割を果たしている。岩盤の強度が小さい場合には荷重を支持する力も小さくなる。したがって頑強な支保を施工しないとトンネルを維持できなくなり、掘削は困難になる。

　このようにトンネルの設計・施工の難易度は岩盤の性質に大きく左右される。ルート選定時に地質のよい所を選択したつもりでも、途中で、断層・破砕帯等掘削の困難な場所に遭遇することも多い。また岩盤の風化・膨潤、地下水の湧出等はトンネルの掘削に大きな影響を与えるし、さらに完成後の耐久性にも影響するので、建設時に地盤改良、止水等の配慮が必要である。

　トンネルの施工は地質状態に大きく影響されるが、長い全長にわたって完全な地質調査を行うことは経済的にも技術的にも困難であり、施工前に地質状態を完全に把握するのは不可能である。それゆえ、荷重と構造条件が明確に示される構造物と違い、トンネルでは確定的な設計をすることが難しい。したがってトンネル工事着手段階では、地表踏査や弾性波探査、確認ボーリング調査により作成した基本地質図をもとに当初設計を行い、これを施工途中での計測や観察によってチェックする。そして施工済み区間の地質状態・施工状況を施工中の区間の岩盤状況と比較することによって、設計を適切なものに修正していくというトンネル独特の設計思想が確立された。このような設計思想に基づいて現在標準工法として NATM がわが国トンネル建設の主力となっている。しかしながら、掘削する前方の地質を事前によく知ることができれば事故を減らすことができるから、正確な地質調査を要望する声はつづいている。

5.1.3　NATM トンネル工法

　NATM（New Austrian Tunneling Method：ナトムと呼ぶ）は、オーストリアの L.V. ラブシュビッツにより命名されたものであり、ロックボルトと吹付コンクリートを主たる支保部材として岩盤の強度を積極的に評価するトンネル工法である。

　この工法の真髄は、従来個々の問題としてとらえてきたトンネルの設計や施工法すべてを総合的に評価し、施工を進めようとするところにある。

　従来のトンネルは、図 5-1 に示すような手順により施工が進められてきた。

　即ち、まず調査を行い、その結果を基に路線を設定し、支保工の設計・施工へと進む一本の流れでしかなかった。これでは、トンネルの進行とともに変化する岩盤の状況を設計へフィードバックすることができず、合理的な支保の設計は非常に困難であった。

　これに対し NATM では、図 5-2 に示すように調査・設計・施工が計測を媒体として有機的に結合されており、現場の状況をただちに設計に反映することが可能となる。ただし、このためには、各々の項目について次に述べるような条件が満足されている必要がある。

　地質調査では、得られたデータすなわち地質および地盤の物性が設計に用いる解析法の持つ

第5章　岩を対象にした情報化施工

図5-1　従来工法

図5-2　NATM

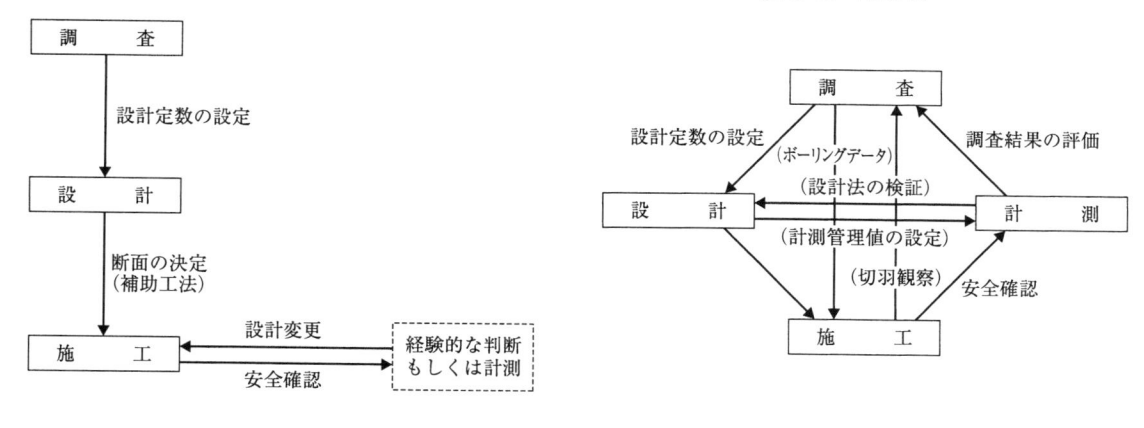

精度に充分対応し得るだけの信頼性を持っていること。

　設計では、施工法、岩盤の力学的性質、岩盤性状等を評価できる解析法が用いられること。

　計測では、岩盤や支保の挙動が十分な精度で把握され、設計へのフィードバックを有効とするための即時性があること。

　施工では、解析や計測の結果と比較できる程度の施工精度があること。

　ここで留意しなければならないのは、NATMでは各項目が有機的に結合しているため、各々の項目の精度が全体の精度に影響を与えてしまうことである。例えば、地質調査における岩盤試験等が不十分で岩盤の物性が得られていないにもかかわらず、設計段階で、有限要素法を用い粘弾塑性解析等（岩盤が弾性状態から応力を受けると粘性状態や塑性状態に変わると考える解析法）の高度な解析を実施すれば、解析の結果は、調査段階での精度しか持たない。このような場合、当初設計では、理論解析に基づく方法や線形弾性有限要素法（岩盤が弾性状態で応力とひずみが直線比例すると考えた解析）による方法で十分であり、トンネル施工初期段階の計測結果のフィードバックにより、解析の精度を順次向上させていくことを考えるべきである。

　以上のことを念頭にして、本章では、NATMによるトンネル掘削を合理的に実施するための「地質調査」、「設計」、「計測管理」、「施工管理」を含んで開発された一環システムの構築について述べる。

　NATMは、「トンネル周辺地盤に支持リングの機能を発生させる」という原理を、合理的および経済的に工法として実践に移そうとするものであり、その目的から以下の原則に従わねばならないことは周知の通りである。

① 地盤の力学的特性を考慮する。

② 適切な時期に適当な支保を設置することにより、地盤内に発生する好ましくない応力、ひずみ状態を避ける。

③ 特に、トンネル掘削断面を中空円筒と仮定した力学的に充分に安定した構造とするためには、断面が完全な円形となるようにリングを閉合しなければならない。

④ 現場計測により、岩盤の挙動を監視し、変形許容量に従って支保の最適をはかる。

これは、G. ザウエル（オーストリア）が述べた"NATM の定義"である。

また、W. マイルハウゼル（オーストリア）は、「NATM は決して完成されてしまったものではなく、この方法はたえず改良されるべきものである」と述べている（1976 年）。

したがって、設計段階で、地質調査の結果から対象地点の岩盤の物性値を決めて難しい解析を実施しても、掘削中のトンネル切羽での作業状況や毎日観測する地質条件の変化や湧水条件に対応することを怠ったり、地質条件が変化して、支保を変更しなくてはならない時に発注者側の対応措置がスムーズにとられないような場合、NATM 工法による掘削は成立しない。すなわち NATM は、トンネル工法とそれに従事する関係者、関係機関が短時間にシステマティックに連動してこそ、そのメリットが発揮できるものなのである。この点に NATM の最大の難しさがある。

5.1.4 地質調査

トンネルの地質調査は土木学会「トンネル標準示方書」などに示されているので、それらの資料を参考にして行う。**表 5-1** はトンネル地質の調査項目と調査法を示している。

調査は資料調査より始まり、地表踏査の後、弾性波探査や電気探査などの物理探査手法によりルート全長の概略調査を行い、さらに細かく確認したい部分を対象にボーリングなどで直接資料を採取し、岩石の物性等を把握する。ボーリングによる地質資料の直接確認は有効な手段であることが判明しているので、岩石コアー等を直接調査することは重要である。それでも不十分な場合には工事開始前に追加の調査や試験を行う。

5.2 設計手法

NATM の調査・設計・施工・計測の流れは**図 5-2** に示されている。それぞれの項目は、一連の有機的関連を保つ必要がある。つまり、設計段階においては工事に関する情報はわずかなものであるから、当初設計はあくまでも幅を持ったものであり、実際の工事において設計の確認もしくは修正を施す必要がある。

不確定要素を多く抱えながらの当初設計であるから、施工途中での設計変更はむしろ岩盤に正しく対応する必要上欠くべからざるものと考えられている。

NATM における当初設計手法としては、次の3通りの手法がある。
① 標準支保パターンの適用
② 類似条件での設計例の適用
③ 解析手法の適用

NATM が導入されるにあたり、岩盤の力学的な物性値を用いた各種の理論計算法、あるいは有限要素法による解析手法が提案され、一部は実設計に供されているが一般的な手法とはなっていない。したがって、当初設計では、岩盤等級に応じてパターン化された標準的設計が行われる。

第5章　岩を対象にした情報化施工

表5-1　トンネル地質の調査項目と調査法

調査項目		資料調査	地表踏査	弾性波調査	水文調査	地下水調査	ボーリング	孔内検層 速度検層	電気検層	孔径検層	温度検層	標準貫入試験	孔内載荷試験	試料試験	調査坑観察計測
地形	地すべり・崩壊地	○	○				○								
	偏圧地形	○	○												
	土被り	○													
地質構造	地質分布	△	○	△			○	△	△						○
	断層・褶曲	△	○	○			○	△							○
岩質・土質	岩石・土質名	△	○				○		△						○
	岩相	△					○								○
	割れ目		△	○			○	○							○
	風化・変質		△	○			○		△						○
	固結程度		○	△			○	△				○			○
地下水	滞水層		○		○	○	○		○	○	△				○
	地下水位	△				○	○								
	透水係数					○									
力学的性質	一軸圧縮強度											△	○	△	
	粘着力・内部摩擦角											△		○	△
	変形係数・ポアソン比											△	○	○	△
	N値											○			
物理的性質	地山弾性波速度			○				○							
	超音波速度													○	
	密度													○	
	粒度組成													○	
	液性限界・塑性限界													○	
	含水比・吸水比													○	
鉱物化学的性質	粘土鉱物													○	
	浸水崩壊度													○	
	吸水率・膨張率													○	

○：有効な調査法　　△：場合により有効な調査法

(出典：土木学会「トンネルにおける調査・計測の評価と利用」)

特殊条件下におけるトンネル（大断面、偏圧地形、土被りが特に大または小、地表沈下量の制限など）では、過去に施工した類似条件での設計の適用、解析手法の適用が必要となる。

有限要素法の総合的な精度は、入力特性値の設定やモデル化の問題があり、完全なものではないが、特殊条件下においては、定量的、定性的判断資料として非常に役立っている。

前述したように、地中の線状構造物であるトンネルの全長にわたり岩盤の性状を事前に正確かつ詳細に把握することは困難であるから、当初設計では、地質調査から得られた岩盤の状態の想定とその工学的な評価を過去の実績と照合した上に技術的な判断を加えるなどして、経験に基づく設計を行っているのが一般的である。

5.2.1 標準支保パターンの適用

この設計手法は、岩盤分類の等級に対応して定めているトンネルの断面形状、支保工、覆工などの標準パターンを用い、事前調査の結果をもとに得た計画トンネルの岩盤等級区分ごとに、支保パターンを設定する方法である。

しかし、岩盤分類は国際的にも国内的にも統一された分類法がなく、各機関や研究者によって種々の分類基準が使用されている。国内においては、岩盤分類と支保パターンの対応が示されているのは、日本道路公団および鉄道関連機関である。岩盤分類としては1973年にベニアフスキー（米国）によって発表されたRMR（Rock Mass Rating）法、および1974年にバートン（米国）によって考案されたQ値（Q-System）があるが、国内では発注者である道路公団と鉄道関連機関によるものが多く使われている。

標準支保パターンの基本となる岩盤分類は、次のような条件を備えていなければならない。
① 岩盤分類等級区分は、設計パターンならびに施工の標準区分によく対応する。
② 客観的な評価ができる指標を有する。
③ 指標は、一般に実施されている調査法の成果が使える。
④ 請負工事で、契約ならびに契約条件の変更のよりどころとして使える（事前調査から施工中まで一貫して使用できる）。

標準支保パターンを設定する場合、次節に述べるような特殊条件を除外した一般的な条件に限定することが現実的である。

標準支保パターンと岩盤分類の関係を例として示す（**表 5-2**、**表 5-3**）。

5.2.2 類似条件での設計の適用

特殊条件下におけるトンネルとしては下記のケースがある。
① 土被りが小さい場合（トンネル周辺の岩盤がそれ自体でアーチを形成して支え合う現象をアーチ形成作用というが、このようなアーチアクションの作用しない岩盤の場合、あるいは地表沈下が大きいと予測される場合、一般的には土被りが1D〜2D〔D：トンネル直径〕以上を土被りが小さいと称する）
② 土被りが著しく大きい場合（トンネルの上からの荷重が非常に大きく、壁面の変位が急速

第5章 岩を対象にした情報化施工

表 5-2 岩盤分類：計画段階における地山分類基準

地山の種類 地山等級*	硬岩		中硬岩	軟岩**	土砂 F・G岩種	
	A・B岩種	C岩種	D岩種	E岩種	粘性土	砂質土
V_N	$V_P \geq 5.2$	$V_P \geq 5.0$	$V_P \geq 4.2$			
IV_N	$5.2 > V_P \geq 4.6$	$5.0 > V_P \geq 4.4$	$4.2 > V_P \geq 3.4$			
III_N	$4.6 > V_P \geq 3.8$	$4.4 > V_P \geq 3.6$	$3.4 > V_P \geq 2.6$	$2.6 > V_P \geq 1.5$ かつ $\frac{\sigma_c}{\gamma H} \geq 6$		
II_N	$3.8 > V_P \geq 3.2$	$3.6 > V_P \geq 3.0$	$2.6 > V_P \geq 2.0$ かつ $\frac{\sigma_c}{\gamma H} \geq 4$	$2.6 > V_P \geq 1.5$ かつ $6 > \frac{\sigma_c}{\gamma H} \geq 4$		
I_N	$3.2 > V_P \geq 2.5$	$3.0 > V_P \geq 2.5$	$2.6 > V_P \geq 2.0$ かつ $4 > \frac{\sigma_c}{\gamma H} \geq 2$ あるいは $2.0 > V_P \geq 1.5$ かつ $\frac{\sigma_c}{\gamma H} \geq 2$	$2.6 > V_P \geq 1.5$ かつ $4 > \frac{\sigma_c}{\gamma H} \geq 2$	$\frac{\sigma_c}{\gamma H} \geq 2$	
I_S, I_L 特S 特L***	$2.5 > V_P$	$2.5 > V_P$	$1.5 > V_P$ あるいは $2 > \frac{\sigma_c}{\gamma H}$	$1.5 > V_P$ あるいは $2 > \frac{\sigma_c}{\gamma H}$	$2 > \frac{\sigma_c}{\gamma H}$****	***

岩種	地層名・岩石名
A	①古生層，中生層（粘板岩，砂岩，礫岩，チャート，輝緑凝灰岩，石灰岩等） ②深成岩（花崗岩，閃緑岩等），③半深成岩（ひん岩，花崗はん岩，輝緑岩等） ④火山岩（粗粒玄武岩，玄武岩等），⑤変成岩（片岩類，片麻岩，千枚岩，ホルンフェルス等）
B	①剥離性の著しい変成岩，②細層理の古生層，中生層
C	①中生層（頁岩），②火山岩（流紋岩，石英粗面岩，安山岩等）， ③古第三紀層の一部（珪質砂岩，珪質頁岩等）
D	古第三紀層～新第三紀層（頁岩，砂岩，礫岩，凝灰岩，角礫凝灰岩等）
E	新第三紀層（泥岩，シルト岩，砂岩，凝灰岩等）
F	洪積層，新第三紀層の一部（低固結，未固結層，砂，土丹等）
G	表土，崩積土等

表 5-3 標準支保パターン

新幹線複線トンネル

支保部材 地山等級	ロックボルト			吹付コンクリート厚(cm)		鋼製支保工
	配置	長さ(m)×本数	縦断間隔(m)	アーチ・側壁	インバート	種類
V_N	—	—	—	5（平均）	—	—
IV_N	アーチ	2×0～8	（随意）	5（平均）	—	—
III_N	アーチ	2×12	1.5	10（平均）	—	—
II_N	アーチ・側壁	2×16	1.2	硬岩10（平均）** 軟岩 7（最小）	—	—
I_N	アーチ・側壁	3×20 3×14*	1.0	15（最小）	—	(125H)***
I_S	アーチ・側壁	4.5×8	0.8～1.0	15（最小）	15（最小）	150H
I_L	アーチ脚部・側壁	3×12	0.8～1.0	20（最小）	—	125H

（出典：表5-2～5-3：日本国有鉄道編「NATM設計施工指針〔案〕」日本鉄道施設協会）

に増大して不安定な状態になり，破壊領域などが大音響と地震動を伴って，急激にトンネル内に飛び出す現象を山はねというが，この山はねを生ずるような岩盤）

③ 膨張性土圧が作用する岩盤（岩が掘削され，応力が解放され，空気とふれると膨張する岩

盤で泥岩や蛇紋岩に多い）
④　切羽の自立が期待できない岩盤（固結度の低い砂岩など掘削した切羽面が崩壊するような強度の低い岩盤）
⑤　多量の湧水を伴う岩盤
⑥　岩盤すべり、偏圧地形（掘削する場所が傾いていたり、極端な谷地形の場合）
⑦　岩盤改良をしなければ掘進できない岩盤
⑧　近接構造物への影響がある場合

　これら特殊条件下におけるトンネルでは、類似条件での設計の適用、解析手法の適用等、詳細な調査・検討が必要であり、過去に施工されたもので条件が非常に類似しているものがあれば、その設計を適用すると簡単である。
　類似岩盤における支保パターンを適用する場合には、まずその設計条件、施工状況、計測結果等に関する情報をなるべく多く集め、それを分析、吟味し、支保パターンに修正を加え、当初パターンを作成することが設計の作業となる。
　また条件によってはNATM以外のトンネル工法の検討が必要である。

5.2.3　解析手法の適用

　従来のトンネル設計では支保工が岩盤荷重を支持すると評価しており、岩盤のゆるみ量を荷重として支保工が支持すべきと考えていたのに対し、NATMでは、岩盤を支保部材の主体として評価し支保工を岩盤に密着して施工するため、岩盤自体が持つ強度と一体になった支保工の強度が掘削により応力解放された力を受け持つと仮定することができる。したがって各種の解析手法が用いられるようになった。
　解析による設計手法としては、大きく分けて2つの方法がある。
①　理論解析手法
②　数値解析手法
　理論解析に基づいた設計手法は多数あるが、それぞれに長短があり適切な選択が必要である。
　数値解析についても、NATMの設計に用いられる手法は十分なものはまだ完成されておらず、それぞれ著しい特異性を有している。トンネル工事では、対象となる岩盤の特性、初期応力状態、掘削断面、支保工まで種々様々であるから、設計にあたっては、理論解析、数値解析のどちらについても、その内容、特徴などを十分把握して、対象となる岩盤に適した方を利用すべきである。
　特に注意を払わなければならないのは、次の事項である。
①　岩盤をモデルにする応力‐ひずみ関係の設定
②　岩盤は構成材料が堆積時に受けた応力や地殻の運動により応力を受けている。このような初期応力をどのように設定するか
③　一般にトンネルの横断面で解析モデルを考えるが、トンネル縦断方向の変形挙動に関する評価法

④　支保部材のモデル化
⑤　①と関連するが、適正な岩盤の力学定数と降伏基準の評価
⑥　解析仮定および解析手法に基づく解析結果の特異性に対する評価
⑦　解析結果を判断する規準類の明確化とその評価

　上記重要事項の取り扱いに関しての統一的な見解はまだ確立されておらず、解析手法によってさまざまである。
　また、多くの仮定条件の上に成り立っている理論解析では、条件によっては実測値と著しい差異が生ずることがある。
　トンネルの設計は標準支保パターンで行うのが原則であるが、特殊条件下では種々の検討が必要であり、その特殊条件に合った答えを得るために理論解析を行う。現状の解析レベルでは、それだけで設計に進むには不充分であり、解析の目的を明確にし、どう評価するかをはっきりさせてから解析する必要がある。
　理論解析と数値解析の設計における位置づけは次のように考える。理論解析は、円形断面など単純化されたモデルで行うものであり、詳細な検討には不充分であるが、標準支保パターンのチェック、数値解析における事前計算、設計の修正時における簡易計算として利用できる。さらに、解析上詳細な検討が必要と認められた場合は、数値解析を行う。多くの設計手法は支保部材の設計に主眼が置かれているが、NATMの基本的考え方は岩盤を支保部材の主体とするものであり、岩盤の変形や応力状態の把握が重要である。そのためには平面ひずみ状態の応力変形問題として取り扱うのが適しており、筆者等は概略設計方法として岡の方法を用いている。この方法だと数値解析へのアプローチも容易になる。
　しかし、岡の方式はあくまでも単純化したモデルであり、実際との相違、適用の限界に注意しなければならない。さらに複雑なケースでは有限要素法などの数値解析手法を用いる。
　次節で「計測管理」「施工管理」について述べる。

5.3　トンネル情報化施工システム

　筆者等が開発して実地に使っているトンネルの設計・計画・解析管理システムを図5-3に示す。工事計画の立案より始まるこの図に示された一連の手法では、工事終了時までに得られたデータがデータベースに送られ、次の工事に有効に使われるようになっている。
　ここでトンネル標準工法全体のフロー図について説明する。上段が一般の流れであり、設計時に標準支保パターンが使えるか否かを聞いている。岩盤分類がしっかりしていれば標準支保パターンで設計し、施工もそれに沿って行われる。
　施工中には計測値などから設計変更の要否を確認し、特に設計変更をする必要がなければ、順調に施工は完了し、工事記録を整理して工事終了になる。
　設計段階で標準支保パターンが使えないことが判った場合には、簡易設計が可能なら、岡の方法による簡易設計を行う。簡易設計で対処できない場合には数値解析を行うが、トンネルの

第5章 岩を対象にした情報化施工

図 5-3 トンネル標準工法

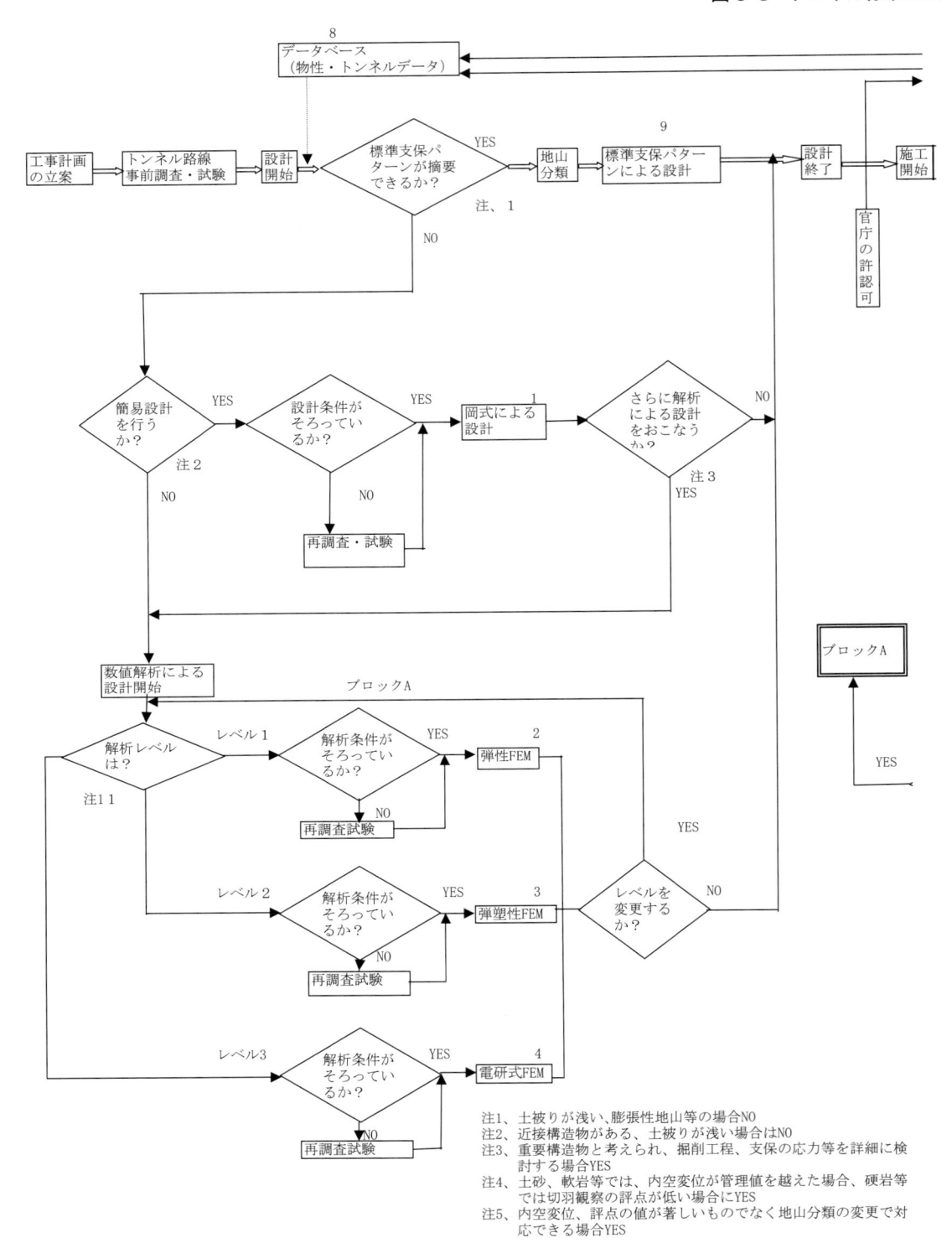

注1、土被りが浅い、膨張性地山等の場合NO
注2、近接構造物がある、土被りが浅い場合はNO
注3、重要構造物と考えられ、掘削工程、支保の応力等を詳細に検討する場合YES
注4、土砂、軟岩等では、内空変位が管理値を越えた場合、硬岩等では切羽観察の評点が低い場合にYES
注5、内空変位、評点の値が著しいものでなく地山分類の変更で対応できる場合YES

第5章 岩を対象にした情報化施工

全体のフロー図

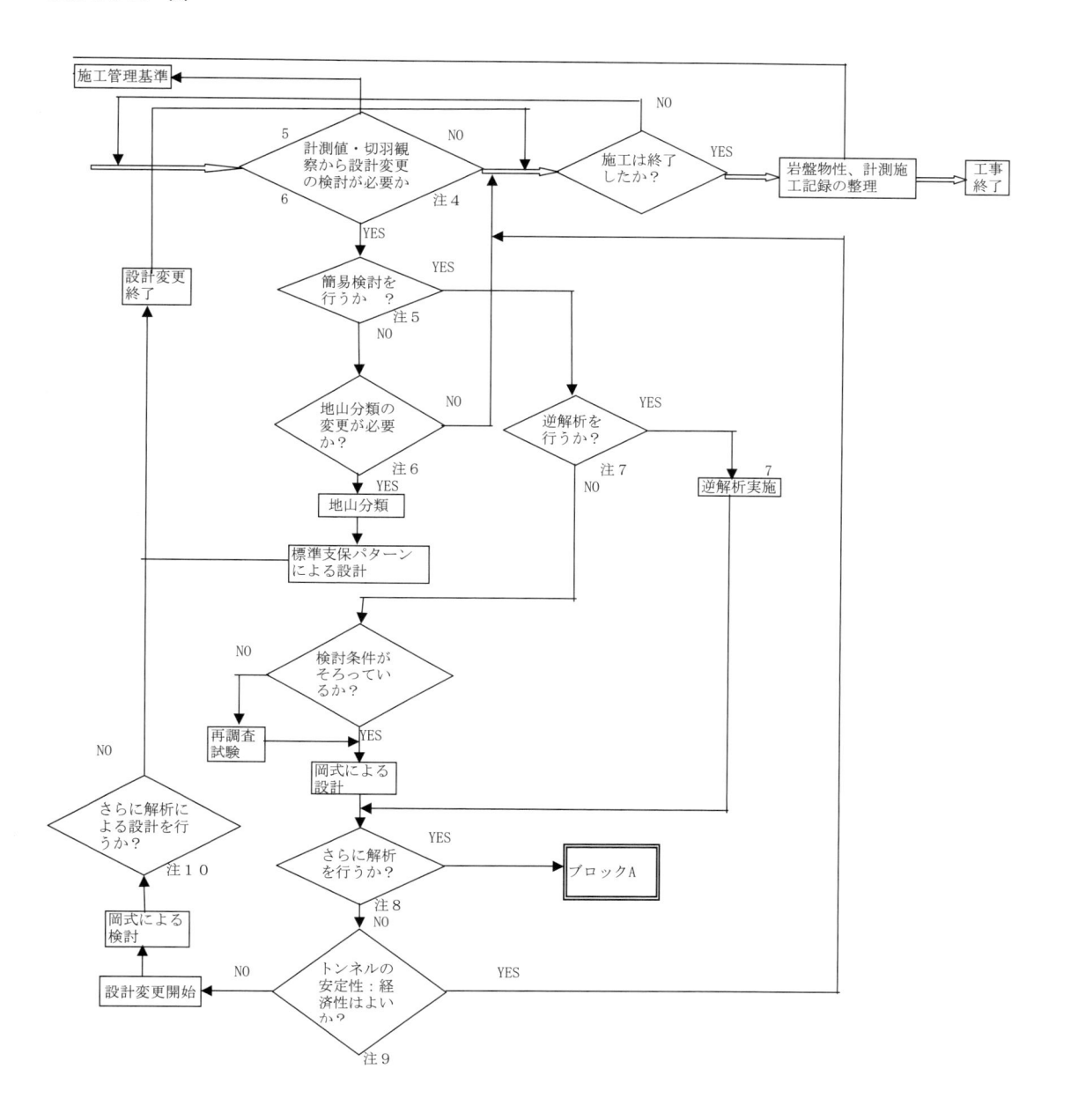

注6、岩質、地山の評点が事前評価と大きく異なる場合YES
注7、地山の初期応力、弾性常数、塑性状態を知りたい場合YES
注8、地山の現象を忠実に表現し検討したい場合YES
注9、地山の塑性領域、変位、応力は許容値以上、支保等の応力が
　　　低くて、あまりにも過大な設計はNO
注10、注8で詳細に検討した場合には原則としてYES
注11、構造物の重要性、現象の程度、検討時間に応じてレベルを考える

第5章　岩を対象にした情報化施工

断面、通過位置（土被りが薄い、その他）、地質、近接構造物の有無等を考慮して、条件が厳しいケースではレベル3の電力中央研究所方式の有限要素法解析、そうでない場合にはレベル1として弾性での有限要素法解析をする。

したがって解析のメニューとして簡易設計から4段階用意しておけば、ごく特殊なトンネルを除き、検討が可能となる。

さて、次に施工中の設計変更の検討が必要な場合であるが、ここでは測定データを基に逆解析が可能なことが特徴である。逆解析により設計の前提条件であった岩盤の物性がデータとして得られるので、このデータを利用して再検討し安全な支保工の選定を行う。図中の脚注に判断基準を付けてあるから、詳しい検討を行う方は、ぜひ参考にしていただきたい。

5.3.1　トンネル計測システム

前述したように、線状構造物であるトンネルの全長にわたって、工事着手前にすべての地質情報を入手することは困難である。そこでNATM工法では、施工時の各種計測によって発生応力や岩盤の強度をとらえ、その結果を総合的に判断して設計・施工に反映していくことが、工事の安全や経済性の確保のために重要である。

計測目的を下記に述べる。

(1) 安全性の確認

① 周辺岩盤の挙動を把握する。
② 各支保部材の効果を知る。
③ 構造物としてのトンネルの安全性を確認する。

図5-4　地質縦断面

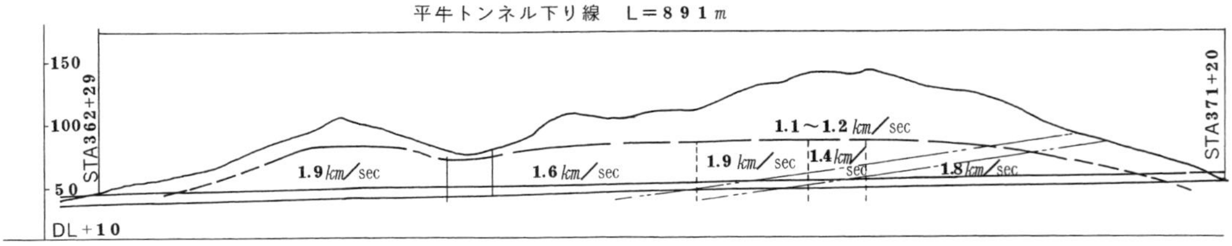

平牛トンネル下り線　L＝891m

測点 STA	363	364	365	366	366	367	368	368	368	368	369	370	371
掘削区分	D-IV	D-IV	D-IV	D-V		C.II	C-II	C-II	D-IV		D-IV		D-IV
設計パターン	Ds	D1-1	D1-2	D1-1		CII	CIIE	CII	D1-2		D1-1		D1-3
覆工 吹付		15	15	15		10	15	10	15		15		20
覆工 二次覆工	60	30	30	30		30	40	30	30		30		40
支保工 区分	H200	H150	H150	H150		H125	H150	H125	H150		H150		H200
支保工 間隔	p0.75	p1.0	p1.0	p1.0		p1.2	p1.0	p1.2	p1.0		p1.0		p1.0
ロックボルト 長さm		4.0	4.0	4.0		3	4.0	3	4.0		4.0		4.0
ロックボルト 長間隔		1.0	1.0	1.0		1.2	1.0	1.2	1.0		1.0		1.0
ロックボルト 側間隔		1.2	1.2	1.2		1.5	1.2	1.5	1.2		1.2		1.2
区間長	101	170	F40	170		19.6	30.8	19.6	F80		200		F60
掘削工法	側壁導坑先進					NATM　790							
地質分類	強風化	砂質泥岩				泥質砂岩			砂質泥岩				粘土
地山強度比	10.0	6.0				7.5							1.9

第 5 章　岩を対象にした情報化施工

④　周辺構造物への影響を把握する。

(2) 経済性の確保

⑤　工事の経済性を高める。

⑥　計測結果の設計・施工への反映の実績を含めて、将来の工事計画への資料とする。

図 5-4 にトンネルの地質縦断図、図 5-5 に計測器の配置図を示す。

5.3.2　計測項目

計測項目は、日常の施工管理のために必ず実施すべき計測項目である計測 A と、岩盤条件に応じて、計測 A に追加して行う計測 B に分けられる。ただし、土被りの薄いトンネルでは地表沈下測定は必ず実施することになっている。

計測 A に含まれる項目

(1)　坑内観察調査、これはトンネルの①切羽の自立性・吹付けやロックボルトを打つ前の素掘

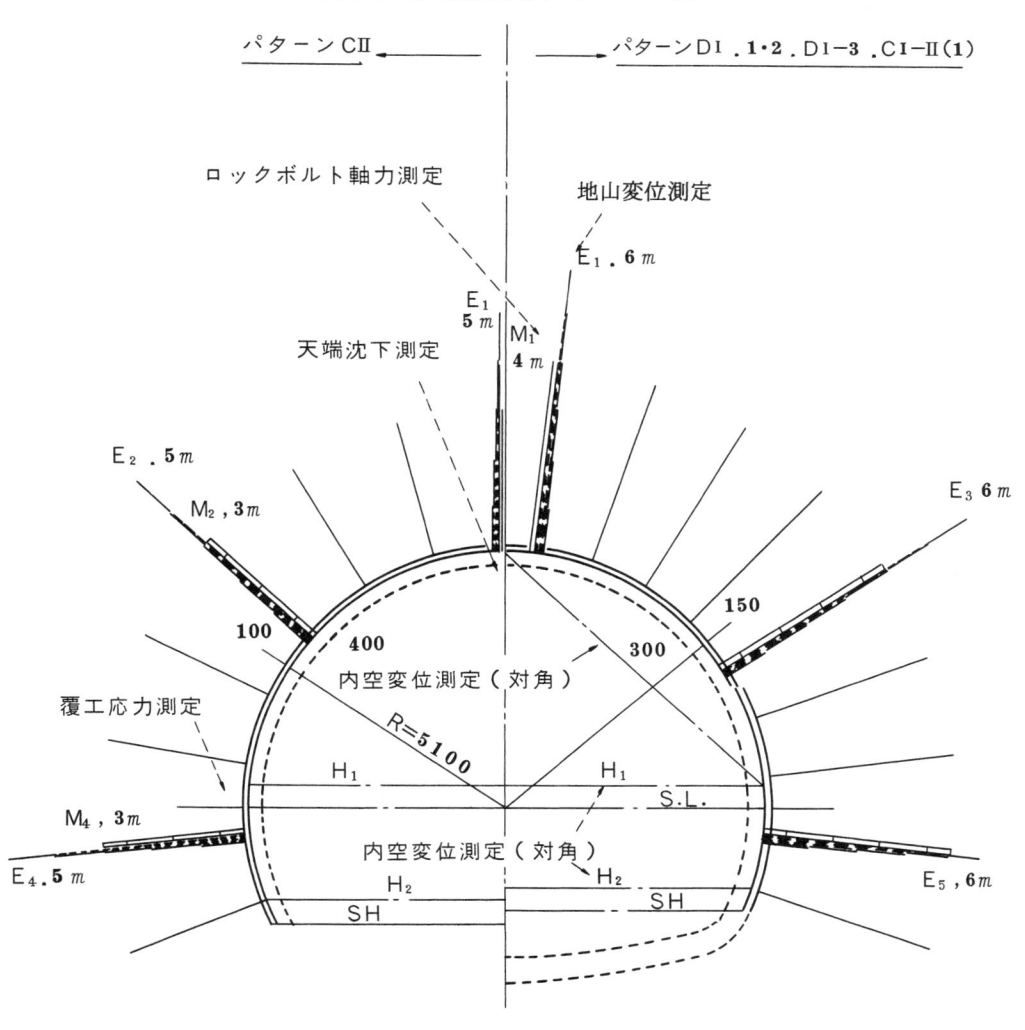

図 5-5　計測器配置図（平牛トンネル）

面の安全性、②坑内の岩質・断層破砕帯・褶曲構造・変質帯の有無・性状把握、③支保工（吹付コンクリート等）の変状有無、④当初の岩盤区分の再評価などであり、トンネル支保と岩盤の関係を知るために行う。
(2)　内空変位測定とはトンネルの左右の壁面が周辺の地圧によって狭まってくる量を測定するもので、変位量・変位速度・変位の収束状況・断面の変形状態によって、①周辺岩盤の安定性、②支保工の設計・施工の妥当性、③覆工の打設時期などを判断するのに利用する。
(3)　天端沈下測定とは、トンネル天端（上部）の絶対沈下量を監視して、断面の変形状態を知り、トンネル天端の安定性を判断するために実施する。

計測 B に含まれる項目
(4)　岩盤試料試験および現位置試験に含まれるものは、一軸圧縮試験・超音波速度測定・単位体積重量測定・吸水率測定・圧裂引張試験・クリープ試験・粒度分析試験・浸水崩壊度試験・三軸圧縮試験・X線回析試験・カチオン交換容量測定である。
(5)　地中変位測定では、トンネル周辺のゆるみ領域・変位量を知り、ロックボルトの長さ、設計・施工の妥当性を判断する。
(6)　ロックボルト軸力測定では、ロックボルトに生じたひずみから、ロックボルト軸力・効果の確認を行い、ロックボルトの長さ・径が適切か判断する。
(7)　ロックボルト引抜試験ではロックボルトの適正定着方法・適正ロックボルト長を判断する。
(8)　覆工応力測定では、覆工の背面土圧や吹付コンクリート内の応力を求める。
(9)　地表・地中の沈下測定では、トンネル掘削による地表への影響、沈下防止対策の効果、トンネルに対する荷重範囲の推定を行う。
(10)　坑内弾性波速度測定では、当初計画した時の岩盤区分の再評価、ゆるみ領域の判定、地層の亀裂、変質の程度確認、岩盤のマスとしての強度把握を行う。

　これらの計測項目の中でB計測は、各トンネルの用途・規模・岩盤条件によって異なるので、目的を明確にした上で必要項目を選択する。

5.3.3　計測データのまとめ方
　施工中の計測データは速やかに収集分析し、最適施工をするためにデータ計測結果を図形処理システムで出力する。**図 5-6** に示す図形処理システムのフローを示す。さらに**図 5-7** に計測データの出力例を示す。

5.3.4　フィードバックとトンネルデータベース
　情報化施工を完全にするために重要なことは、①測定データをどのように処理するか、②処理されたデータをどのように使用するかである。
　計測Aは、日常の作業における安全管理と設計・施工合理化を主目的としているので、あらかじめ設定した管理基準により判断する。管理基準項目には、施工中の岩盤および支保の内空

第5章 岩を対象にした情報化施工

図 5-6 計測結果図形処理システムフロー図

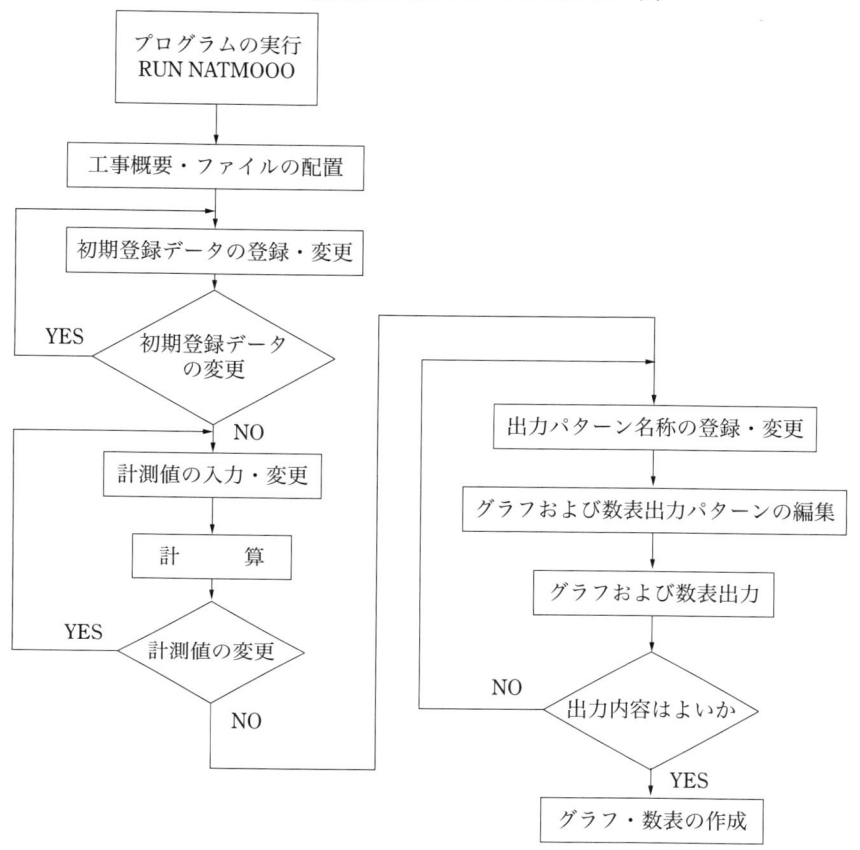

図 5-7 計測データの出力例

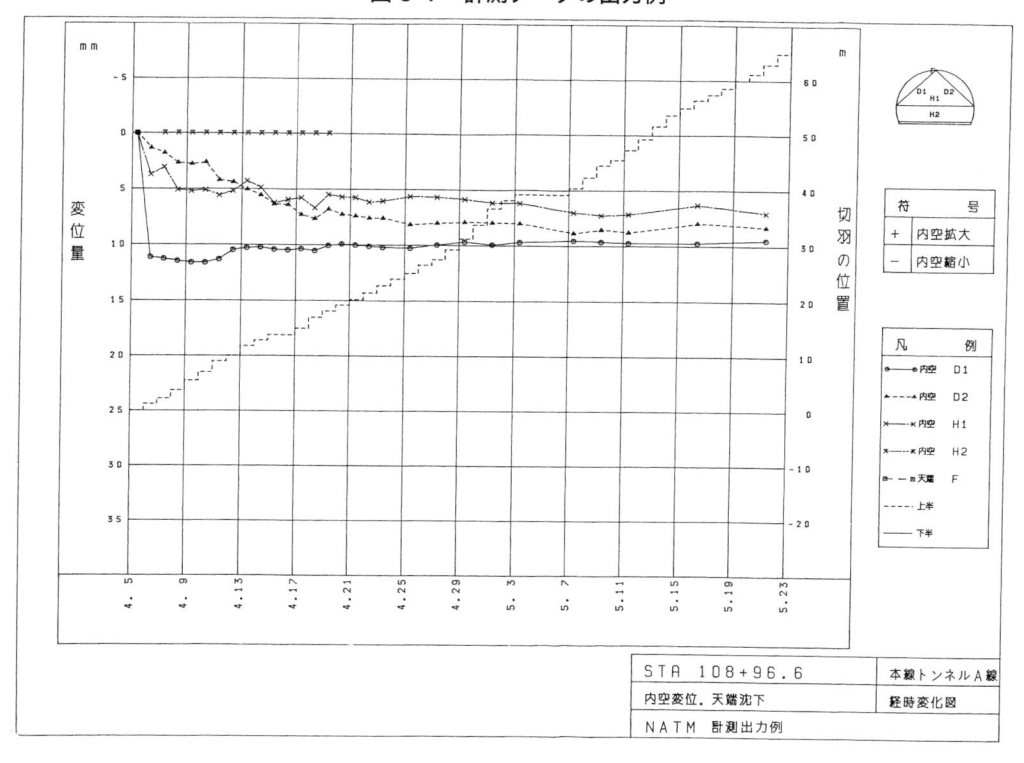

第5章　岩を対象にした情報化施工

変位や天端沈下等の動き、地表面を含む周辺地盤変状、近接構造物への影響度や環境基準値等がある。1つの管理基準値のみで判断するのは困難であり、総合的な判断が重要となる。

　計測Bは、当初の設計・施工計画の岩盤条件への適合性を確認し、岩盤特性・支保工・覆工部材機能を含めた総合的な検討を行うためのものである。したがって岩盤特性再評価とそれに対応する支保パターンの妥当性の検討に使用する。

　トンネルの計測データを総合的に判断するためには、日頃からデータベースを作成しておき、このデータベースを基準として施工中の計測データや岩盤観察結果を基にデータを分析する方法を採用すると、データの信頼性が増し正確な判断が可能になる。

　図5-8は、NATM計測データ利用のフロー図である。

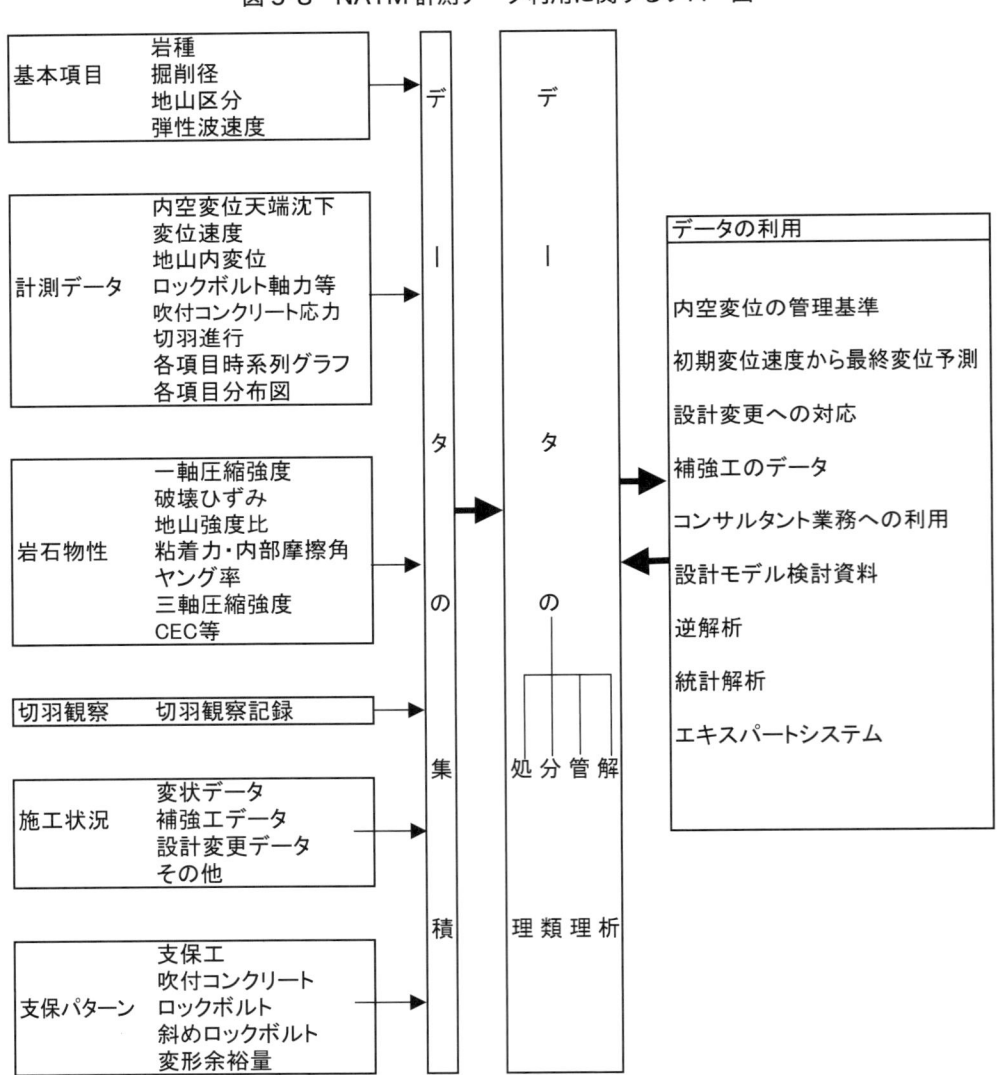

図5-8　NATM計測データ利用に関するフロー図

基本項目	岩種／掘削径／地山区分／弾性波速度
計測データ	内空変位天端沈下／変位速度／地山内変位／ロックボルト軸力等／吹付コンクリート応力／切羽進行／各項目時系列グラフ／各項目分布図
岩石物性	一軸圧縮強度／破壊ひずみ／地山強度比／粘着力・内部摩擦角／ヤング率／三軸圧縮強度／CEC等
切羽観察	切羽観察記録
施工状況	変状データ／補強工データ／設計変更データ／その他
支保パターン	支保工／吹付コンクリート／ロックボルト／斜めロックボルト／変形余裕量

データの集積 → データの処理・分類・管理・解析 →

データの利用：
- 内空変位の管理基準
- 初期変位速度から最終変位予測
- 設計変更への対応
- 補強工のデータ
- コンサルタント業務への利用
- 設計モデル検討資料
- 逆解析
- 統計解析
- エキスパートシステム

5.4 トンネル情報化施工の成果

　NATM 実現以前は、工事中に設計変更をする際には膨大なデータを用意する必要があり、そのために対応が遅れて岩盤の変形がますます進み対策が後手にまわることが多かった。

　NATM では岩盤の観察と変形測定などのデータを用いて、地質の変化に対してすばやく適切な支保工を選択して対処することが可能となり、このような対応遅れの事故は低減した。

　ここで説明した NATM 情報化施工システムは数多いトンネル工事で利用されており、トンネルの工事管理に必須のものとなっている。NATM による施工時の計測データ解析に加えて、岩盤と支保工の両方で空洞を支えるという NATM の考え方に基づき多くの実験と研究が行われた。

　特にトンネルの内空変位計測、トンネル切羽到達前からのトンネル進行方向の変位計測、地山内の変位計測結果から得られたデータは、地中に空洞を掘削するときの挙動を明らかにしている。

　地山の安定性評価の１方法として地山特性曲線が考えられているが、この理論解と実測の空洞周辺の地山挙動のデータから地山特性曲線と支保という概念がより明確になってきた。

5.4.1 地山特性曲線

　トンネル等の掘削時、周辺岩盤の挙動を表示するためには地山特性曲線を用いる。

　地山特性曲線は掘削によって生じる岩盤の動きを一般的に表す方法である。この曲線は内部変化が生じた時に、さまざまな位置で岩盤を支持するために必要と思われる力を表示することができる。

　岩盤が掘削される時、①岩盤を支えていた内部の抵抗力が取り除かれるので、岩盤は内側に変位する。②掘削境界面に直交する垂直応力と並行するせん断応力は減少してゼロになり、境界面は主応力面になる。③掘削領域における水圧はゼロまで減少し、水は掘削面のほうに流れ出す。図 5-9 に円形トンネルに作用する土圧の関係を模式的に示す。

図 5-9 静水圧地圧を受ける岩盤中に開削された円形トンネル

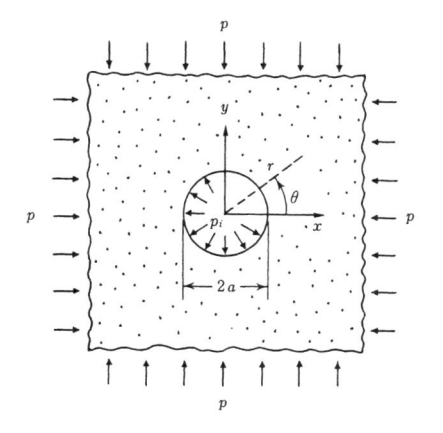

　ここでは直径 $2a$ のトンネルが軸方向に長く掘削されると仮定して考える。トンネル内から作用する圧力を P_i とすると、掘削前は $P_i = P$（地山が持っている圧力）でバランスしているが、掘削により P_i は次第に減少し、支保をしなければ $P_i = 0$ になる。したがって壁面の変位 U_a は、岩盤のヤング率 E とポアソン比 ν を用いて、弾性体の場合には

$$U_a = \frac{-1+\nu}{E}(P - P_i)a \qquad 式-5.1$$

図 5-10 壁面変位と岩盤特性

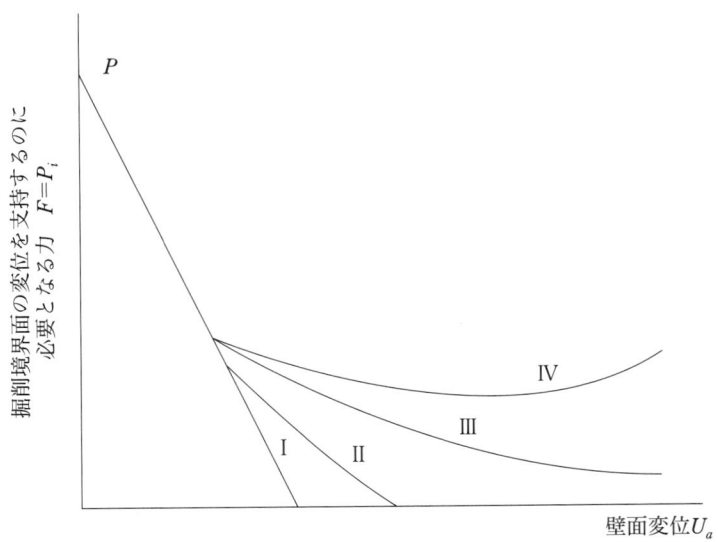

で示される。

　この変位と内圧 P_i の関係が一般に地山特性曲線といわれており、岩盤の材料特性や初期地圧特性、空洞の掘削方法によっても変わってくるが、岩盤の安定性を評価する上で有効な方法である。

　図 5-10 は地山特性曲線で、岩盤の種類を変えて表したものである。

　壁面変位は岩盤の種類によって変化することがわかる。

　曲線Ⅰは、岩盤が弾性体の場合であり、空洞周辺に破壊が生じない場合（よい岩盤）。

　曲線Ⅱは、破壊が生じるが、内圧 P_i が作用しなくても壁面変位がある値で止まる場合である（中位な性質の岩盤）。

　曲線Ⅲは、内圧 P_i が働かなければ、壁面変位がより進行するもので、空洞を安定させようとすると支保が必要となる（強度の低い岩盤）。

　曲線Ⅳは、岩盤の破壊が徐々に進行する場合であり、破壊によってゆるみが次々に拡がっていく場合などに起こる現象である。

5.4.2　地山特性曲線と支保工

　支保工とは岩盤を支えるために空洞の内側にロックボルトや吹付コンクリートなどで構造物を作ることである。

　空洞の内側に厚さ t、内径 a、支保工の外側に一様な圧力 P_i が作用したとする。$r=a$ における支保工の変位を U'_a とし、その関係を薄肉円環として求めると次のような関係が求められる。

$$P'_i = \frac{E' \times t}{a^2} U'_a \qquad \text{式}-5.2$$

　この支保圧 P'_i と支保工変位 U'_a の関係は支保特性曲線、あるいは支保反力曲線と呼ばれてお

第5章　岩を対象にした情報化施工

り、支保部材のヤング率 E' は支保剛性といわれ、支保工の形状や支保工の材料特性によって決まる。

　地山特性曲線と支保工の特性を同一条件で議論するために、空洞の掘削過程を考える。まず支保工が壁面変位 U_0 の時に設置されて、さらに支保工設置後も壁面変位が進行して、支保圧 P'_i が内圧 P_i と等しくなった時、支保工と空洞周辺の岩盤は平衡状態となり、平衡点で壁面変位は停止する。

　したがって平衡状態は $P'_i = P_i$、そして $U'_a = (U_a - U_0)$ の条件となり、地山特性曲線および支保特性曲線の関係式より求められる。この関係は**図 5-11**のように支保の作用と地山特性曲線として示される。

　さらに掘削方法と支保工の関係を**図 5-12**の上の図に示す。同一岩盤を掘削する場合でも、発破掘削はトンネルボーリングマシン等の機械掘削よりもトンネル空洞に損傷を与えることが多い。そして理想的な掘削とはトンネル周辺の岩盤に損傷を与えない掘削法である。同一剛性を持つ支保工を設置しても、掘削方法が異なると、支保工の持つ力は変化してくる。

　図 5-12の下の図は岩盤掘削に対する支保工の強さの発揮方法の違いである。どのような支保工を選択するかは技術者の判断であり、力量の問われるところである。

　地山特性曲線は岩盤の種類によって変わってくるものであるから、トンネル延長に沿った地質がきちんと調査され、その地盤に対応した岩盤物性がよく把握されてくれば、トンネル設計さらに施工のリスクは低減する。近年、地盤リスクを回避することを目標にした地盤リスク評価の研究が行われるようになってきているが、この研究が進んで、トンネル延長あたりの最適ボーリング数などを求めることができるようになると、坑内地質調査結果と対比して、さらに進んだ地盤調査の最適値などが求められるようになるだろう。

《日本では安定性が高く経済的なトンネル工法としてNATMが導入されて30年近い歳月が

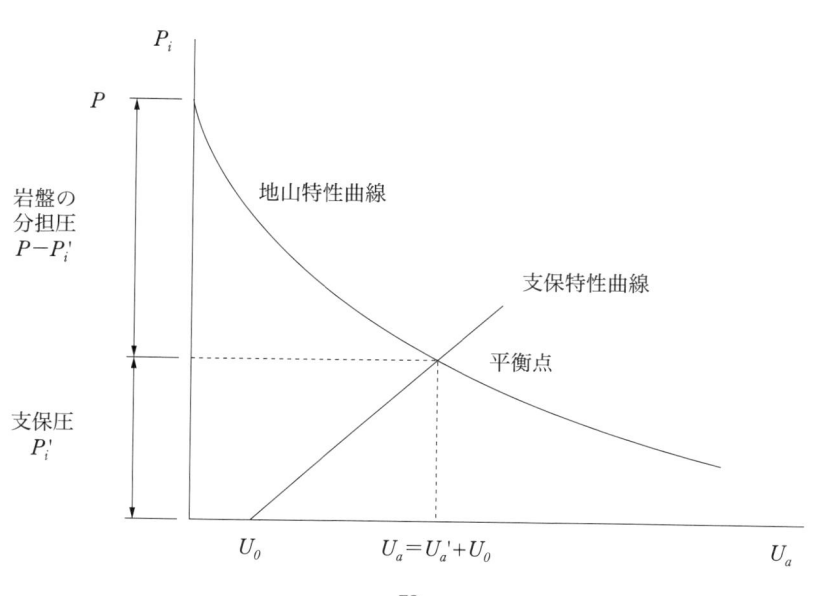

図 5-11　支保の作用と地山特性曲線

第5章　岩を対象にした情報化施工

図5-12　掘削方法と支保工の関係

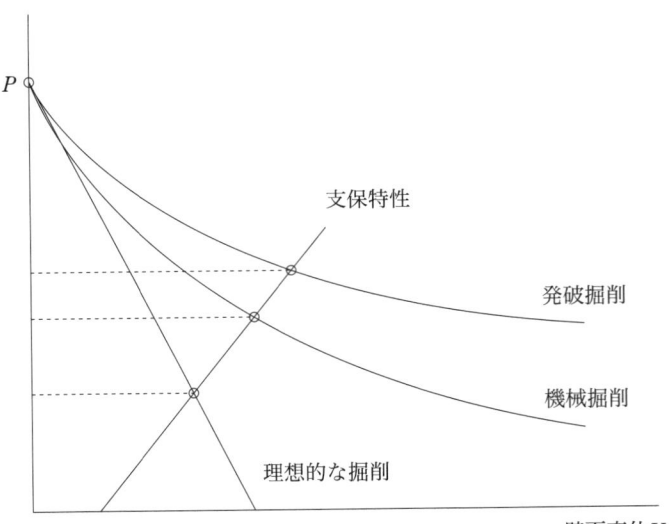

掘削方式による地山特性曲線の変化と支保特性

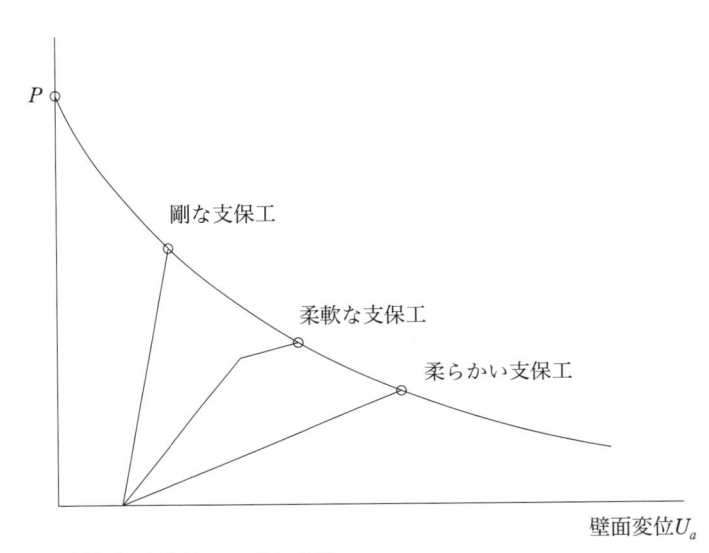

支保工の性質と地山特性曲線

流れ、山岳トンネル工法の標準工法の座を占めるまでに着実に普及してきた。しかしながら一方では、標準化が進みすぎたために日本におけるNATMに対する問題点、反省点が指摘されだし、検討し直されるべき時期にさしかかってきているようである》

というような意見も聞こえるが、NATM情報化施工の導入によりわが国のトンネル工事が安全になり、また誰もが施工できるようになった事実を忘れてはいけない。

参 考 文 献

1) Rabcewicz. L.,V.,: The New Austrian Tunneling Method, Water Power, Nov., 1964, pp.453-515
2) Rabcewicz. L.,V.,: The New Austrian Tunneling Method, Water Power, Jan.,1965, pp.19-24

3）土木学会：トンネル標準示方書　山岳工法編・同解説，1999 年版
4）土木学会：トンネルにおける調査・計測の評価と利用，1995 年版
5）鈴木明人：NATM および斜面掘削の情報化施工，全国建設研修センター教科書，1986
6）大成建設技術研究所：トンネル情報化施工システム，1987 年
7）岡行俊：NATM における支保理論，施工技術，第 10 巻第 11 号
8）上野誠・山川英二他：地山ひずみに基づく NATM 安全評価方法，土と基礎，1986 年 2 月号
9）桜井春輔：トンネル工事における変位計測結果の評価法，土木学会論文報告集，No.317，1982 年 1 月号
10）桜井春輔・竹内邦文：トンネル掘削時における変位計測結果の逆解析法，土木学会論文報告集，No.337，1983 年 9 月号
11）林正夫・日比野敏：岩盤掘削時の安定解析のための電子計算プログラムの開発，電力中央研究所報告，No.67095，1968.3
12）大坂一・鈴木明人他：トンネル施工計画支援エキスパートシステムの開発について，土木学会第 12 回電算機利用に関するシンポジウム発表論文集，1987.10
13）蒋宇静・横田康行・江崎哲郎：地山特性曲線法にもとづく最適支保圧の設計について，土木学会トンネル工学研究発表会論文・報告書　第 4 巻，pp.147-154，1994.11
14）西村強・木山英郎：2 次元弾性解と個別要素解析によるトンネル支保特性曲線の考察，材料，Vol.52，No.5，pp.511-515，2003.5

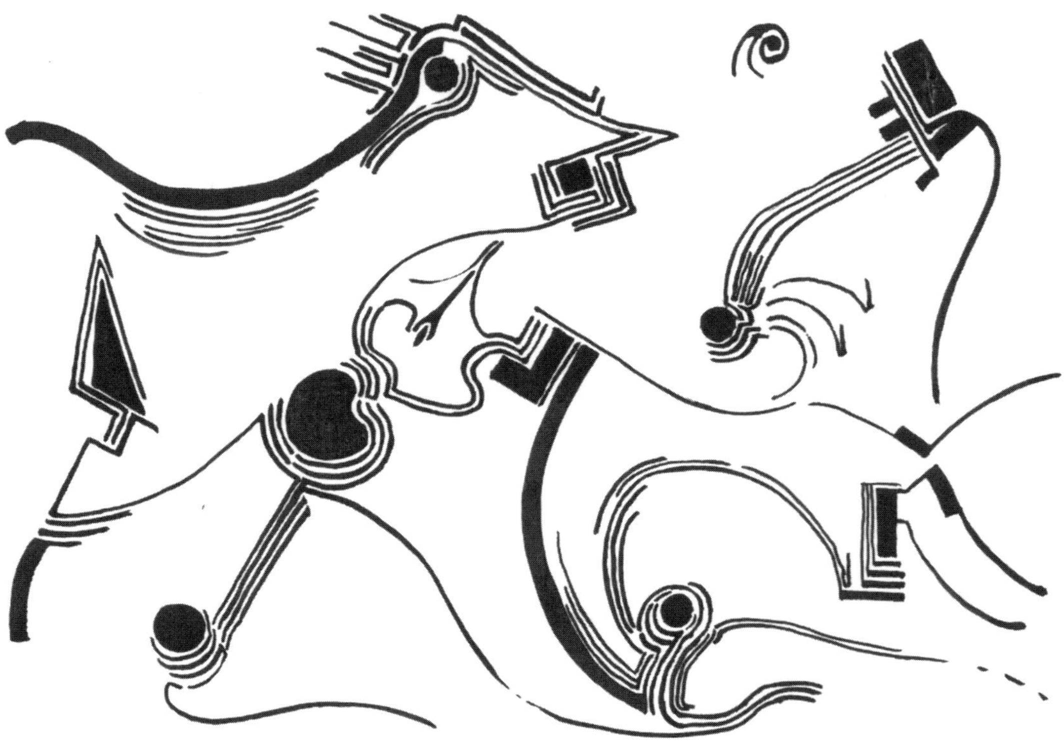

第6章　遠隔モニタリング管理

プロジェクト指向情報化施工の発展した形として、本章で遠隔モニタリング管理を、次章で環境モニタリングを考える。

6.1 遠隔モニタリング管理とその問題点

建設現場を見てみたいという要求はいろいろな方面からあるがそれはなかなか実現されていない。都心にある建築現場は仮囲いで囲まれており、山中の工事現場も同じように柵で囲まれていて内部の様子を知ることは困難である。工事現場は事故が起きる危険性が高く、安全講習を受けた技能員しか立ち入れないようになっている。現代技術であるテレビで工事状況を説明して見せるという方法も可能だが、そのような試みもあまり行われていない。外に向けてはこのようにかなり閉鎖的な建設現場であるが、鉄道の踏み切り近くで重機械を動かさなければならない時や、高圧線の下で長期に作業する場合には、安全監視員のほかに工業用テレビを設置して、工事事務所から常時モニターすることはよく行われている。それでも工事全体をモニタリング管理しようという試みはまだ一般的になっているとはいえない。

工事を遠隔地からモニタリング管理したいという要求は、危険な火山地帯での作業などの場合には切実な話として出てくるが、それ以外にも次のような場合に遠隔モニタリングが必要となる。

① 工事現場と工事を管理する事務所が離れていて交通が不便な場合。
② 工事現場が広範囲に分かれており全体を把握するのが困難な場合。
③ 工事現場の環境が危険で、人間がそこに立ち入りできないか立ち入りしても少人数に絞り込みたい場合。
④ 離れたところにいる専門家が現場の状況を常時把握して技術的なアドバイスができるようにする場合。
⑤ 同種類の複数の工事現場を遠隔で管理しようとする場合。
⑥ 先に述べた火山地帯の場合のように無人化施工する場合。
⑦ 工事関係者以外の人々にも工事現場の状況を見せて内容を知ってもらいたい場合。

このような要求に応えて遠隔の工事現場をモニタリング管理する時の問題点は、

① 工事内容をどのように計測し表現するか。
② 工事の完成度合いを示す出来形をどのように測定するか。
③ 出来形と工事の進捗状況である工程をどのように結びつけて表現するか。
④ 現場の状況をどのように画像にして取り込み、大量の動画像を送るか。
⑤ 工事現場の内外で移動している運搬車両などをどう管理するか。

⑥　三次元CADなどを用いてわかり易い表現で工事状況を表示できるか。
⑦　工事事務所の責任者と現場の技術者とのミーティングをどのように行うか。
といったところが指摘される。

　このような問題点を解決していくと最終的には手塚治虫の鉄腕アトムの世界となって、無人化施工が可能になるし、自動化施工といった技術の解決策が生まれてくる。

6.2　可視化方法と解決策

6.2.1　対象工事

　遠隔モニタリング管理を実施した工事例を下記に紹介する。これは切土量にして120万m^3の土を動かして高圧変電所を建設する大型工事で、工事場所は標高1100mに位置する樹林地帯である。

　地上に構造物を建設する場合、平滑な地上面を創るために、高い部分は掘削し低い谷部は盛土をする。掘削する土を切土、盛り上げる土を盛土というが、この切土と盛土の量が工事現場内でちょうどバランスがとれるように計画するのが最善で、余った土を工事範囲外に出すのも、足りない場合に土を購入するのも好ましいことではない。

　大規模に土を動かすと、場所によっては斜面ができる。この斜面を建設用語で法面（ノリメン）というが、法面の斜度は事前設計し、崩壊しないように保護をする必要がある。

　また、付近に生息している動植物の保護も重要な課題であり、工事前に最大限の注意を払って移植等を行わなければならない。

　ここに紹介する高圧変電所建設現場は、傾斜地を平坦に造成したので一部は大きな斜面となり、最大斜面の盛土高さは40数mとなった。盛土部は地震時でも崩壊や変形を起こさないように斜面の安定性向上を目的としたコアブロック（延長300m、最大盛土高30m、土量約10万m^3）を持つ構造形式である。

　自然環境の保護・保全を第一目標にして工事を進めるために、①場内での土量バランスを保つ管理、②河川の汚濁防止、③工事用事務所や宿舎を遠隔地に設置して居住による環境汚染の防止をめざすこととした。このため施工場所はクライアントの工事事務所より数10km、受注者の作業所より20数km離れた遠隔地となり、遠隔管理が可能かの検討が重ねられた。そして工事事務所で関係者に即座に現地の状況を説明できるようにするため各種のメディアを利用した遠隔モニタリングを用いることになった。

6.2.2　モニタリング要項

　現場および周辺を三次元CADで可視化すると、現場全体の稼動状況の総合的な評価が可能になる。また各種の状況を計測データで数量的に示せば、三次元の画像により「計測器設置場所の位置関係」がわかりやすく表現でき、「周辺状況と工事の関係」もわかる。そして「工事の進捗状況と計測データの関係」が確認できるようになる。

統合化の考え方に現場モデルを作ることがあるが、知識ベースに約束ごととして想定される事実をまとめておき、三次元 CAD で作成した現場モデルに知識ベースから引き出した事実関係を付け加えれば統合化が可能になる。

土を動かす時には土量が変化するという事実、さらに土の転圧回数（ローラーが通過する回数）と沈下量は比例関係にあるという事実により、転圧回数を計測すれば圧密沈下量が推定でき、締め固め密度（締め固まった土の密度）の推算が可能という規則ができる。この規則により、例えば、土のまきだし厚さ（転圧する前に広げた時の土の厚さ）を一定にしておいて転圧のためのローラーの運行回数を自動計測して、運行回数が一定になれば締め固め密度も所定になる。そして、このことから現場管理の自動化が可能となる。

このようなシステム作成には、現場のノウハウと事実関係をまとめておくことが必須条件である。

下記に管理要項とモニタリング要項を述べる。

(1) 管理要項
① 出来形管理：工事の仕上がり状況すなわち土の形状を確実に表現して、関係者以外にもすばやくわかるようにする。
② 土量管理：土を表土・普通土・良質土の 3 種類に区分して盛土に利用する計画を立案しても、既存のボーリングデータによる区分ではそれぞれの土の量が正確に把握できない場合、現地で計測して土の量を正確に把握する。
③ 工程管理：出来形と土量管理情報を基に、計画工程と実施工程の比較をビジュアルに表現する。
④ 法面安定管理：盛土によって生じた斜面の降雨時の安定性をすばやく確認し、事故防止をする。
⑤ 盛土安定管理：耐震設計された盛土の施工時の挙動を測定し、設計手法と対比し、将来の設計法の検討を行う。
⑥ 車両運行環境管理：工事現場に出入りする運搬車両が市街地にもたらす振動と騒音を極力抑えるため、運行計画に従って動いているかを把握する。

(2) モニタリング要項
① 現地計測データのモニタリング：上記①～③で得られたデータを集め、それを工事事務所で見られるように電送するとともに、気象情報管理・水質管理を行う。
② 現地状況画像モニタリング：工業用テレビにより現地の工事状況を画像で把握する。

6.3　遠隔モニタリング計画

上記のモニタリング要項に従ってモニタリング計画ができあがるが、その実施方法を下記に

第6章　遠隔モニタリング管理

示す。

6.3.1　施工状況管理

(1)　出来形管理とは、土工事において切土や盛土によって地形がどのように変化していくかを示す形状管理をいう。出来形が二次元あるいは三次元ですぐに表示できれば、工事の進捗状況が即時に判断できる。三次元比較よりも多くの断面に分けて二次元で施工形状を分けたほうが変化を認識しやすいので、20数断面に分けた二次元断面図を作成しパソコンの画面でビジュアルに表現できるようにする。この断面図を工事関係者のみでなく見学者も見られるようにする。

(2)　土量管理とは、土を切ると土量が増え、これを盛土として転圧して圧密すると土量が減るが、これらを総合判断して、切土と盛土の量をバランスさせることである。工事前のボーリングによる土質推定だけでは、表土・普通土・良質土それぞれの土量がどうなるかの判断が困難であるので、GPS（Global Positioning System）を用いた測量によって現地で切土を行う際に土質が変わる点を測量し、その座標を土量区分図に記載して計算を行い、すみやかに正確な土量を求める。

　これに加えて、盛土部では沈下計測を行う。盛土部に設けた沈下計の測定値と上載荷重の関係から将来さらに沈下すると予測される量を理論計算によって求めて、沈下による不足土量を把握する。この予測計算手法を用いて最適な切り盛りバランスとなる造成高のシミュレーションを行う。

(3)　工程管理とは、工事の進行状態を示すものである。前記高圧変電所建設現場では市販の工程管理ソフトを改良して、出来形と土量管理情報をもとに計画工程と実施工程をパソコン画面でビジュアルに見ることのできるシステムとして組み立て、わかりやすく表現した。

6.3.2　切盛土の安定管理

　土を盛り立てていく時の側方への変位は、土質が悪い（軟弱）と予想外に大きいことが知られている。盛土の管理として法面の安定がしっかりしているかどうか、すなわち盛土本体が沈下量と側方変位の両方で安定しているかを見る必要がある。

(1)　法面安定管理

　法面安定管理のためには、滑動防止の手段としてコアブロックを用いる。これに加えてリアルタイムの安定管理を実施するために、法面の伸びを直接計る法面伸縮計と挿入式傾斜計を用いた計測を行う。

　降雨時に法面の崩壊が起こることがよく知られており、斉藤迪孝により滑りの予知式が発表されている。この式は降雨量と法面の変位速度の関係で表されている。したがって、降雨データと法面伸縮計のデータを基準にして予測式との対比を行い、法面安定状況を把握しながら工

事を管理する。

(2) 盛土安定管理

　盛土を行うと、下方の土は沈下するとともに上からの圧力により側方に変位する。側方の変位が大きくなると内部で破壊して流動する。大規模工事では、沈下と変位の関係を事前に現場内で試験盛土をすることで調査して、一回の盛土の高さと転圧の仕方を決めておくことが多い。本工事では挿入式傾斜計で水平変位を求め、沈下計で鉛直変位を求めて相対的挙動によって盛土本体の安定状況の確認を行う。また盛土の圧密状況も確認しておく。圧密とは、土粒子の間隙にある水分が移動し、土粒子が再配分されて体積が収縮する事象である。体積の変化は沈下量で求めるが、中の水分が移動しているかについては間隙中の水の圧力で求める。もし水分の移動がない場合には間隙水圧が高くなり土の締め固めが不可能になるので、盛土締固めの場合には間隙水がきちんと排水されて間隙水圧が高くならないことを確認する必要がある。この測定には、盛土した土中および排水を促進するために設けた排水ドレーン中に間隙水圧計を設置して圧密時の排水状況を確認する。

6.3.3　環境管理

　盛土工事は原則的には場内の土でバランスを取ることになっているが、排水ドレーン下部やコアブロックの一部には粒度調整した採石を用いる。この砕岩を運搬するダンプトラックは、市街地や山間部集落沿いの狭い道路を走行することも多い。その際に、集団走行やスピードの出しすぎで余計な騒音・振動を撒き散らすことがないように、走行状況を静止衛星を用いた位置確認システムで管理する必要がある。これは住民に対する情報公開の一環であり、環境管理の手法をわかりやすく説明するためでもある。

6.3.4　現地計測データのモニタリング

　以下の4項目については工事現場の状況を遠隔の工事事務所で即時に確認する必要がある。それぞれの即時管理について説明する。
(1)　気象管理：雨量・風速・風向・気圧・気温等をモニタリングする。
(2)　水質管理：沢水の濁度・PHをモニタリングする。また、現場の濁水が直接沢に流れ込まないように中間に設けた調整池の色調を工業用テレビカメラでモニタリングする。
(3)　法面安定管理：法面伸縮計のデータを常時モニタリングする。
(4)　現地状況管理：現地状況監視として現地映像を固定式テレビカメラと移動式テレビカメラでモニタリングする。このときには、あらかじめ作られた三次元画像と対比して監視位置が判明するようにする。

　このような管理が一連の情報として現地から施工者作業所を経て発注者工事事務所へネットワークで伝達され、パソコン画面でわかりやすく表示できるように計画する。

第6章 遠隔モニタリング管理

図6-1 衛星を利用したモニタリング状況図

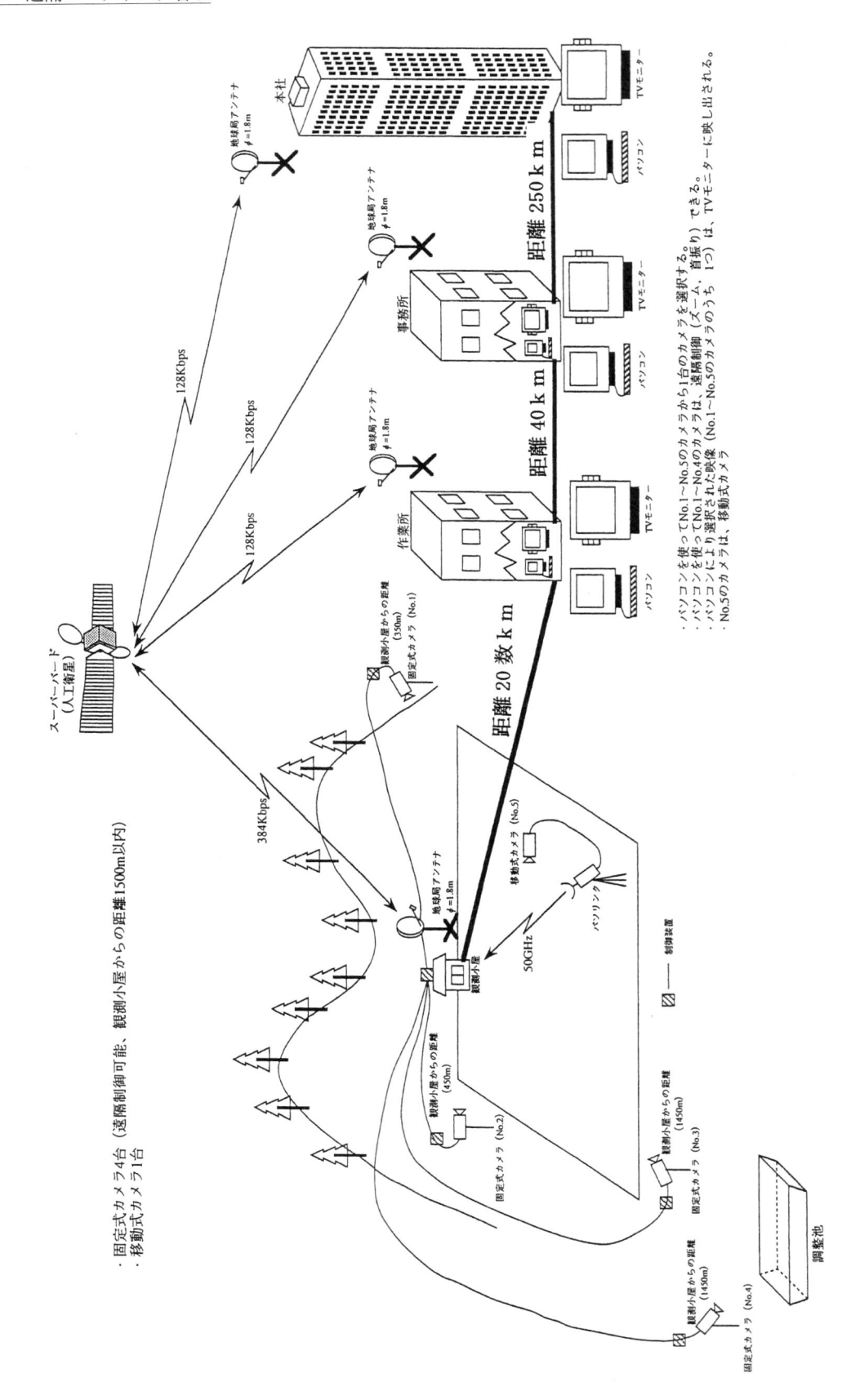

・固定式カメラ4台（遠隔制御可能、観測小屋からの距離1500m以内）
・移動式カメラ1台

・パソコンを使ってNo.1～No.5のカメラから1台のカメラを選択する。
・パソコンを使ってNo.1～No.4のカメラは、遠隔制御（ズーム、首振り）できる。
・パソコンにより選択された映像（No.1～No.5のカメラのうち1つ）は、TVモニターに映し出される。
・No.5のカメラは、移動式カメラ

6.3.5 遠隔モニタリングシステムの構成

(1) システム構成と伝達図

遠隔モニタリングでは、現地での計測データは観測小屋で集計され、データ通信で施工者作業所に送信される。その中の必要データがクライアントの工事事務所に送信される。図6-1はモニタリング状況図である。図6-2は送付されるデータの表示図である。

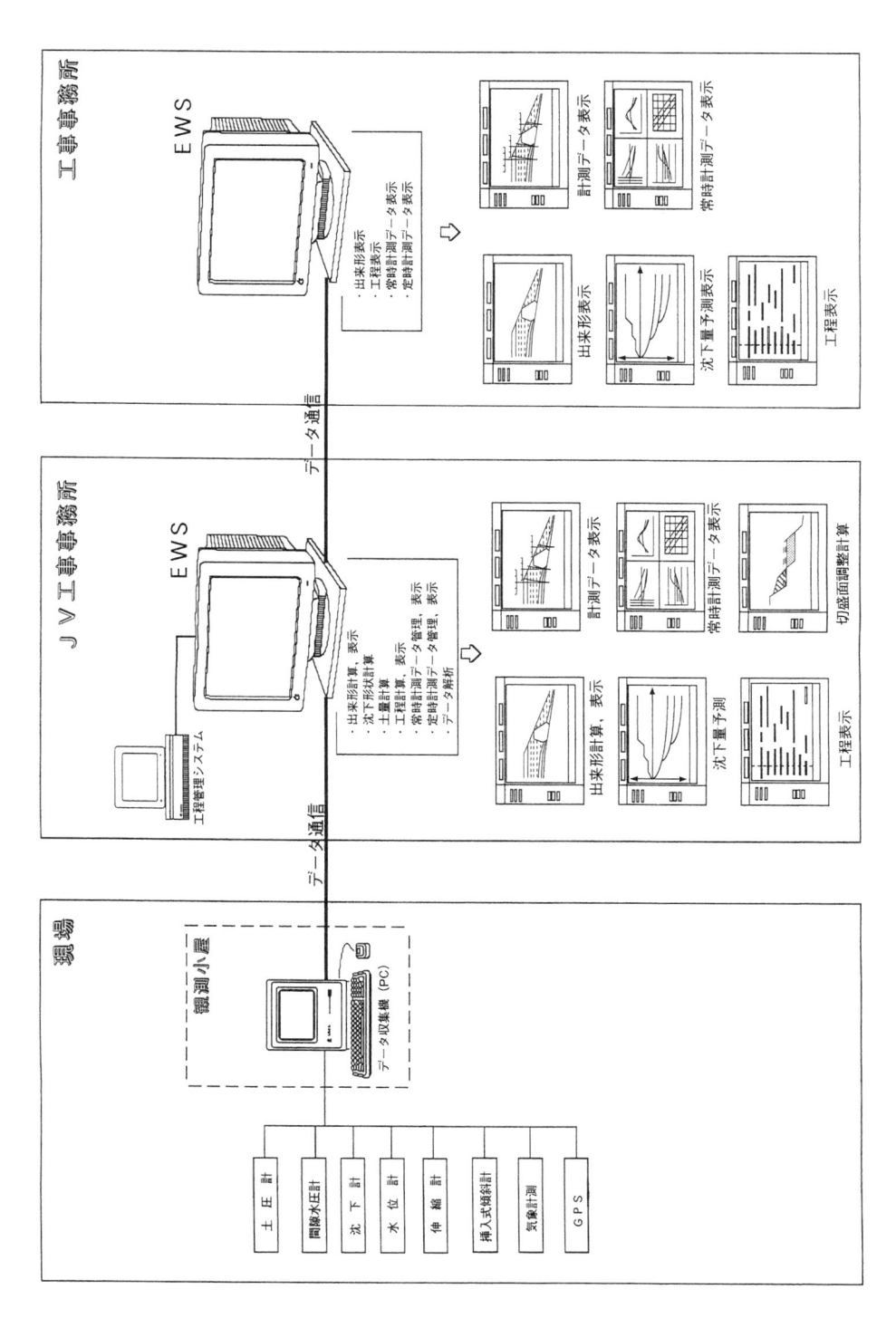

図6-2 送付データのシステム図

第6章 遠隔モニタリング管理

(2) 施工状況報告フロー

施工状況を示すものは、切取土量と盛立土量および工事状況である。**図6-3**にフローを示した。

断面測量により切土部と盛土部で計画された土質区分の地層線と実測での地層線が図上に記載される。つづいて、前月の出来形に当月の出来形を記入する。これが**図6-4**断面測量および地層線補正図である。

次に、沈下を考慮した土量計算図では、当月分の盛土重量を上載荷重と考えて標準断面の沈下曲線から断面あたりの沈下曲線を決定する。その上が当月分の盛立面積となるので、当月の

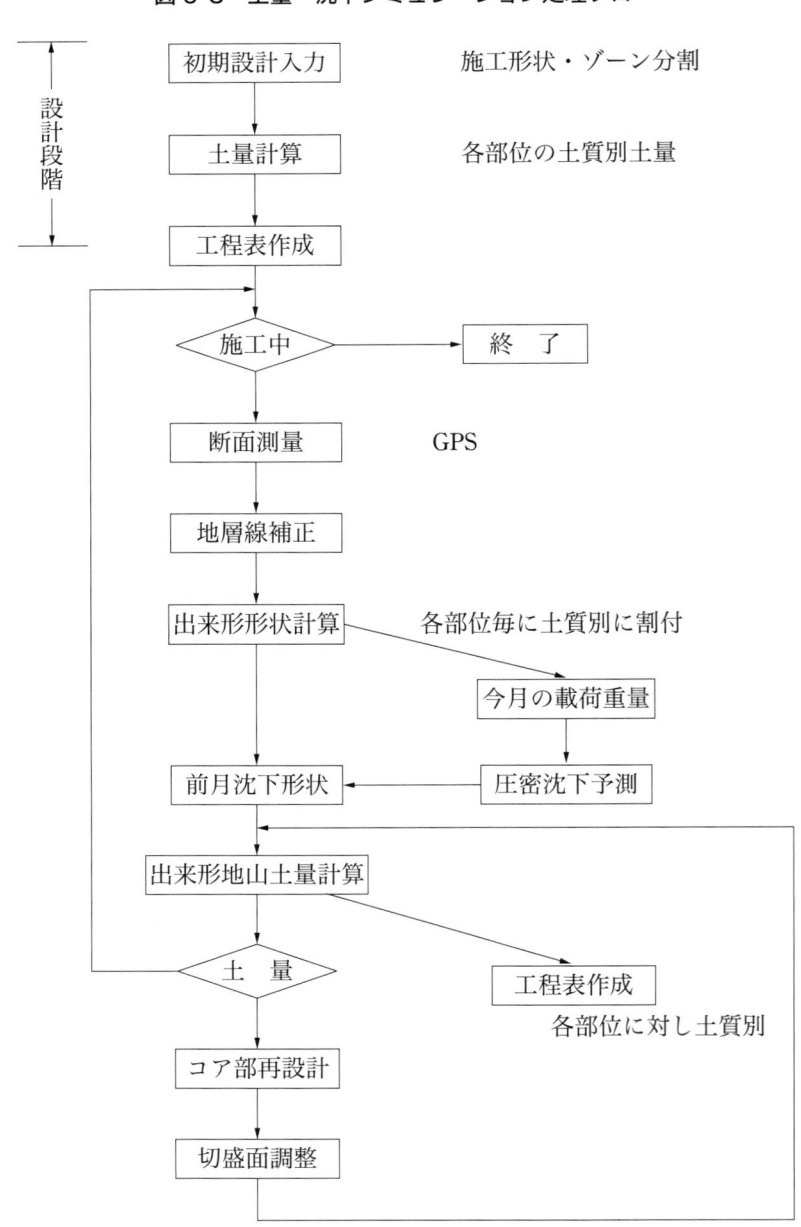

図6-3 土量・沈下シミュレーション処理フロー

第6章　遠隔モニタリング管理

盛立土量は当月分盛立面積に地山変化率を乗じたものになる。これが図 6-5 に示されている。
　このようなデータモニタリングのほかに環境管理のために実施する静止衛星を利用したシステムの状況図を図 6-6 に示す。

6.4　遠隔モニタリング管理の適用結果

例に挙げた変電所建設現場では、遠隔モニタリング管理を取り入れることにより、環境保全・

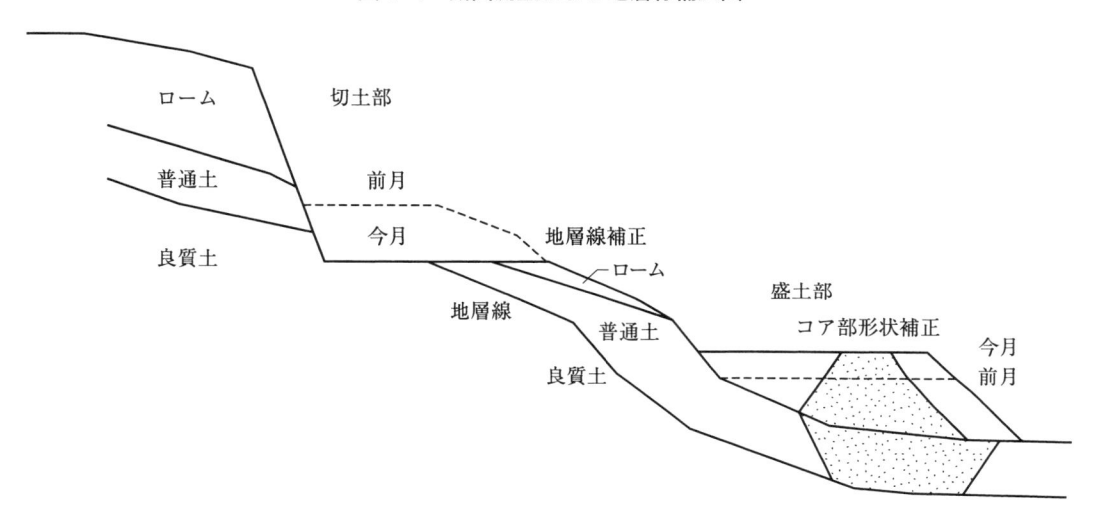

図 6-4　断面測量および地層線補正図

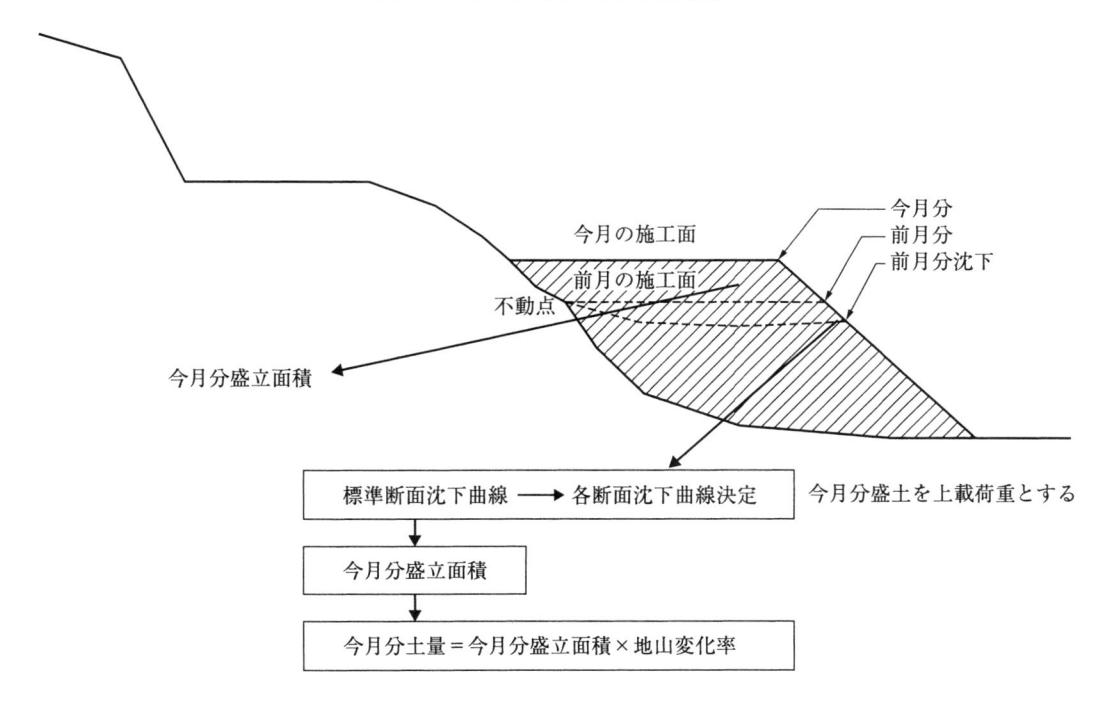

図 6-5　沈下を考慮した土量計算図

— 85 —

第6章　遠隔モニタリング管理

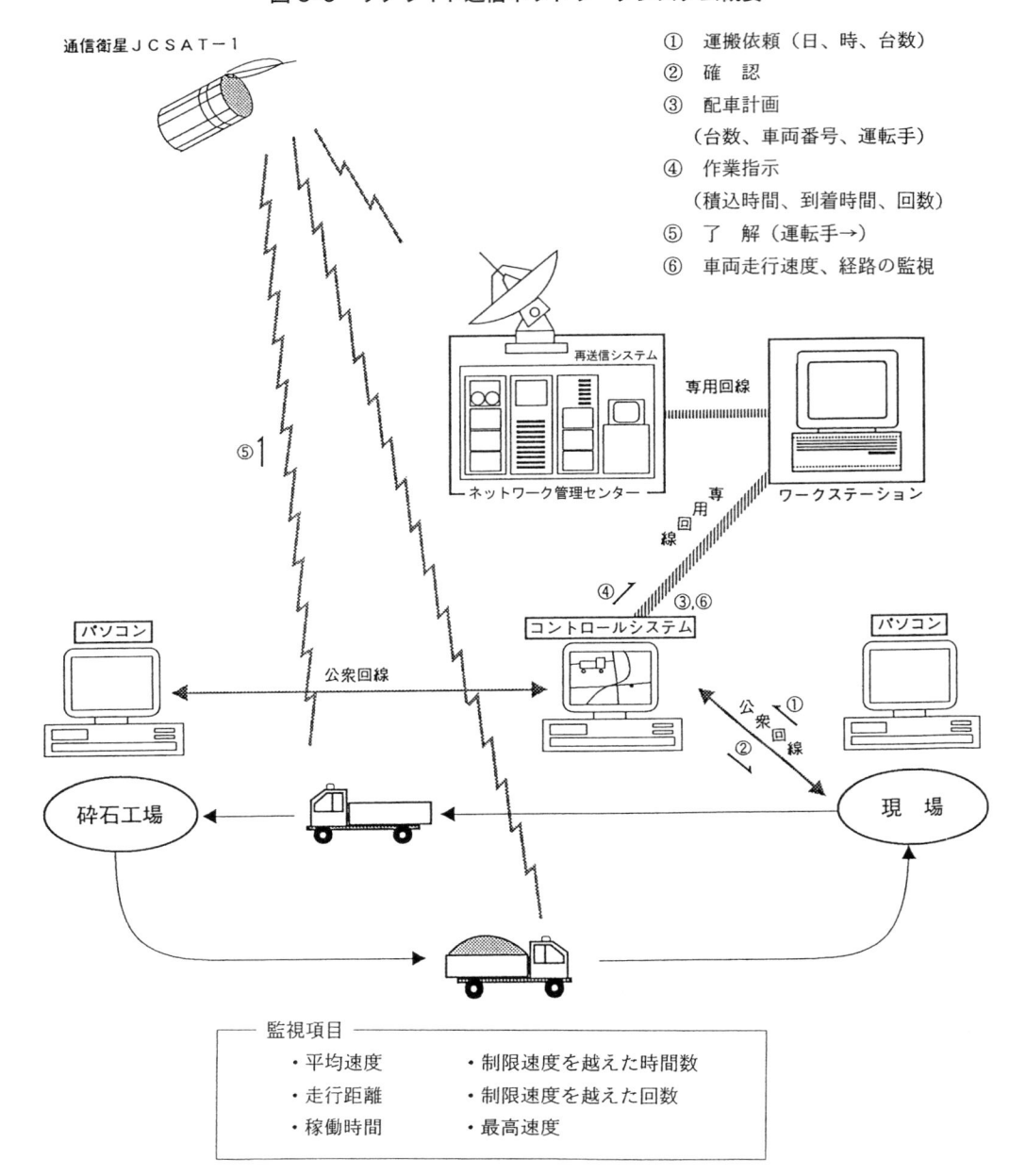

図6-6　サテライト通信ネットワークシステム概要

通信衛星JCSAT-1

① 運搬依頼（日、時、台数）
② 確　認
③ 配車計画
　（台数、車両番号、運転手）
④ 作業指示
　（積込時間、到着時間、回数）
⑤ 了　解（運転手→）
⑥ 車両走行速度、経路の監視

再送信システム
専用回線
ネットワーク管理センター
ワークステーション
パソコン
公衆回線
コントロールシステム
パソコン
公衆回線
砕石工場
現　場

監視項目
・平均速度　　・制限速度を越えた時間数
・走行距離　　・制限速度を越えた回数
・稼働時間　　・最高速度

　住民への説明・遠隔管理が十分になされた。また、実施された計測手法は、造成工事完了後も地震時の影響観測のために継続して利用されている。一般に、工事完成後に計器計測が継続されることは少ないが、施工と比較して長期間にわたる維持管理段階で観測を続行することには、メンテナンスのための資料として有効な成果が期待できる。

　工場とは違い、建設現場は場所ごとにすべて条件が異なっている。現場モニタリングが情報化施工の発展した形であるためには、作成した三次元モデルのサイズ（工事規模）・性質を変え、その中の使用部材およびその属性を変えることで、条件の異なる現場にも対応できるものでなくてはならない。また、そうできることが現場モニタリングの理想的姿である。このモデル作

成の基礎知識を知識ベースに蓄えておけば、将来の工事の役に立ってくる。

現在では、観測モニタリング状況をインターネットで公開する例も増えている。米国ボストンのセントラルアートレーの道路切り替え・再開発工事などは、現場状況、工事の進捗状況をホームページで公開し、市民へ情報公開に努めている。ひとびとの公共事業にたいする理解を得るには、このような努力が重要である。ここに URL（Uniform Resource Locator：インターネット上にある、情報が保存されている場所を指定する表記）を示しておく。http://www.bigdig.com
ただし、このプロジェクトも 2004 年には終了し、10 年以上つづいたボストン市の交通渋滞が解消される予定である。

参 考 文 献

1) T. Aoki, A.Suzuki et al: Graphical Site Simulation Using an Object Oriented CAD Model, The Tenth International Symposium on Automation and Robotics in Construction, 1993.5
2) T. Aoki, T. Kimura, K. Momozaki, A. Suzuki: Comprehensive Site Monitoring Through Model Based Reasoning, 5th ICCCBE, 1993.6
3) 平間邦興・他編：ニューコンストラクションシリーズ第4巻　土構造物をつくる新しい技術，山海堂，1994.11
4) 日本道路協会：道路土工指針－軟弱地盤対策工指針，1986
5) A. Asaoka: Observational Procedure of Settlement Prediction, Soils And Foundations, Vol.18, No.4, pp.87-101, 1978
6) Arai K., Ohta H., Kojima K.: Estimation of Nonlinear Constitute Parameters Based on Monitored Movement of Subsoil under Consolidation, Soils and Foundations, Vol.27, No.1, pp.35-48, 1987
7) 松尾稔・川村國夫：盛土の情報化施工とその評価に関する研究，土木学会論文集，No.241，pp.81-91，1975
8) 脇田英次：観測データによる圧密沈下の早期予測と設計へのフィードバック法，土木学会論文集，No.457/Ⅲ-21，pp.117-126，1992
9) 斉藤迪孝・上沢弘：斜面崩壊時期の予知，地すべり，Vol.2，No.2，pp.7-15，1966
10) 斉藤迪孝：第3次クリープによる斜面崩壊時期の予測，地すべり，Vol.4，No.3，pp.1-8，1968
11) 斉藤迪孝：斜面崩壊時刻予測のためのクリープ曲線の適用について－崩壊予測の批判に答えて，地すべり，Vol.24，No.1，pp.30-38，1987
12) 福囿輝旗：表面移動速度の逆数を用いた降雨による斜面崩壊時刻の予測法，地すべり，Vol.22，No.2，pp.8-13，1985
13) 福囿輝旗：講座　移動量の変化から崩壊時刻を予測する方法（その1），地すべり技術，Vol.16，No.3，48号，pp.24-31，地すべり技術対策協議会，1990
14) 福囿輝旗：講座　移動量の変化から崩壊時刻を予測する方法（その2），地すべり技術，Vol.17，No.1，49号，pp.26-34，地すべり技術対策協議会，1990
15) 谷口巌・菅原紀明他：間隙水圧計による盛土斜面の安定管理，土と基礎，Vol.46，No.4，pp.5-8，1998
16) 菅原紀明：斜面崩壊時刻を概略予測するための移動速度の正規化，応用地質技術年報，No.21，pp.1-8，2001
17) 大成建設㈱：人工衛星 GPS による精密測位システム，1995
18) A. Suzuki: Keynote Lectures/Present Status and Prospects of Construction Control Systems in Japan, Computing in Civil and Building Engineering, Vol.1, pp.39-50, 1995.7
19) Massachusetts Turnpike Authority Home Page：Central Artery Tunnel Project　http://www.bigdig.com

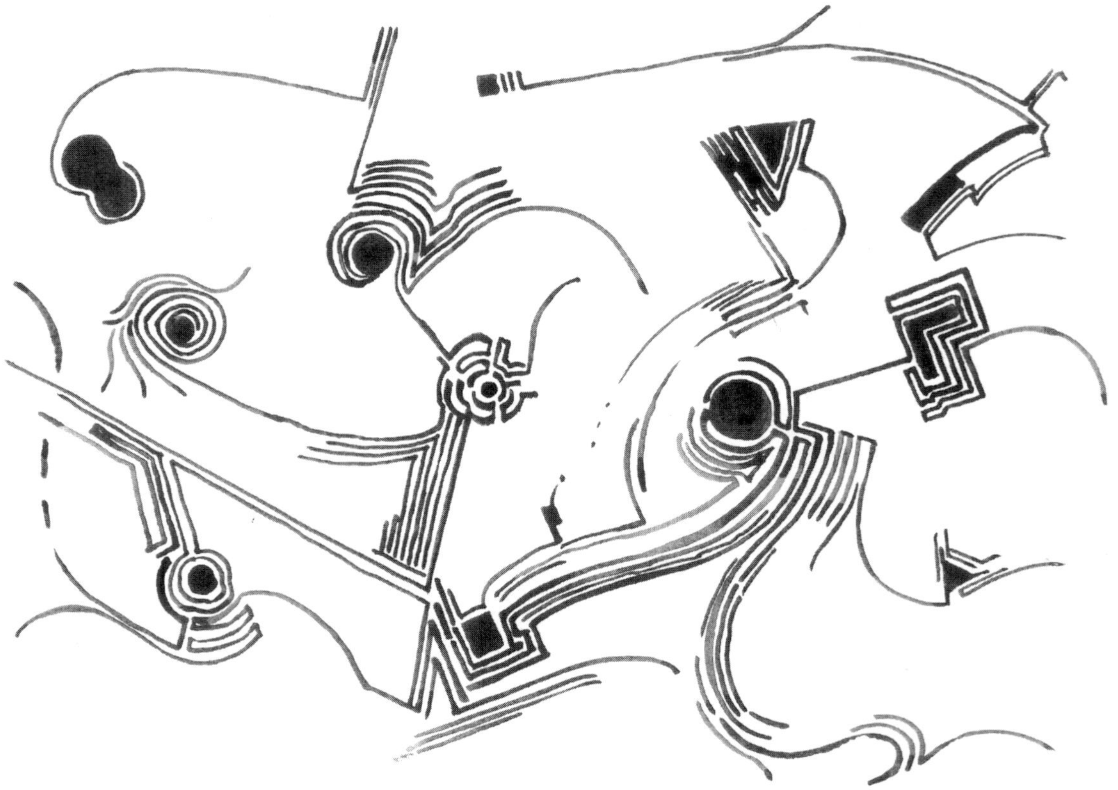

第7章　環境モニタリング

　山国であるわが国は狭い平野部に多くの人々が暮らしており、人口の伸びにつれて山や丘を切り崩して住宅を作り、より便利により快適にと道路を通し、橋を架け、鉄道を敷いてきた。今、便利になることが至上の目的であった開発の時代は過ぎて、人々の意識は自然環境の保護、次の世代に美しい故国日本を残そうという点に向いてきている。そのため、環境保全の施策と開発行為がせめぎあうケースが増加しているが、その中でも水環境の問題は影響が大きいので本章で検討の対象として取り上げる。本章で述べる環境モニタリングは前章の遠隔モニタリング同様、計測等によって情報を集め、それを利用するという意味において情報化施工の発展形として考えるべきものである。

7.1　水環境の調査法と問題点

　都市およびその近郊では騒音や排気ガスを避けるために道路等を地下に設置することが多い。ここで取り上げるMトンネルもその1つであり、周辺の都市交通の渋滞を解消するために計画され、市民のリクレーションの場となっている丘陵の下を通過する道路トンネルである。
　山岳部にトンネルを掘削しようとすると、このトンネルが水を集める働きをして近くの河川に水不足が生じるのではないかとの懸念が持たれることがある。河川が減水すると水中生物が減少し、さらに水を求めて集まる地上の生物も減る。また植物の生態系も影響を受ける恐れがある。
　トンネルが集水機能を持たないようにするためにはトンネル構造自体を防水機構にして施工するが、それに加えて地上の水の変化に対しても十分なモニタリングが必要である。
　Mトンネル建設では、トンネル通過による地表水の減水が懸念されたので、工事開始前数年にわたり継続して地表での水量変化が測定されている。
　また工事中は、トンネル掘削により周辺の水文環境が変化しないよう万全の措置をとるために、地表部における河川流量等の観測、地下水位観測、地質観察をもとに、周辺水文環境の状況を常に把握する環境モニタリングが実施されている。

7.1.1　地下水調査法

　岩盤中にトンネルが開削される時の地下水の流れは岩盤の密実度に左右される。トンネルが開削されると周辺岩盤の初期応力は開放され、内空方向に岩盤が変形を起こす。この時亀裂を持った岩盤では、亀裂に沿って地下水が移動しトンネル内部に水が湧出してくる。一般に湧水の発生しやすさは地質によって変化する。湧水のない岩盤は大陸等に存在する古い岩盤であり、ここでは湧水は発生せず、トンネル掘削が行われても内部が乾燥しているものが多い。湧水の

第7章　環境モニタリング

多い地質構造を下記に列記する。
① 断層および断層破砕帯
② 亀裂・節理などの発達した岩盤
③ 帯水層となりやすい礫層・砂層および砂岩・礫岩、あるいは多孔質岩石の分布する地層
④ 温泉の湧出する地帯
⑤ 褶曲構造が発達し、特に向斜構造・盆状構造の発達する地形（谷地形）
⑥ 石灰岩・溶岩などの空洞・空隙の多い岩石
⑦ 岩肌・破砕岩脈などの付近

　トンネルに関係する水の問題には、①トンネル坑内へ出てくる湧水と②地表水の減渇水とがある。

　湧水による影響は土砂地盤や断層の場合に特に大きく、トンネル最前方の掘削面である切羽が崩壊しないで垂直に立っているかが重要な問題となる。トンネル施工に伴う地下水形態の変化が地表へ及ぼす影響としては、地表水の減水など周辺環境の保全に大きな問題を引き起こすことがあるので、種々の観測・測定に基づく対応策を考えねばならない。

　上記2つの問題に関し岩盤を評価するに際しては、岩盤そのものの力学的性質だけでなく、透水性および被圧地下水の有無、地下水位など地下水に関する情報が重要な要素である。

(1) 地下水調査

　トンネルの地下水調査において、施工への影響、周辺環境への影響を予測・評価するための調査としては次のものがある。
① 水文地質調査
② 水収支調査
③ 水文環境調査
④ 事前調査

　これらの調査方法について**表7-1**に示す。

　例えば、①水文地質調査として行われる地下水調査は、地下水の滞水層・不透水層の存在の有無確認、透水係数などを把握するためのものである。ボーリング孔を用いる場合、岩盤では孔内湧水圧試験・注水試験・電気検層等を、土砂地盤では現場透水試験・揚水試験等を行うことが多い。

　広い範囲の水文地質調査では物理探査が用いられるが、滞水層の構造調査を目的とする場合には弾性波探査法では限界があり、電気探査が利用されている。**図7-1**は、地形変化の多い山岳地でも適用できる高密度比抵抗電気探査の実施例であり、測線下の地質横断図を数段階に区分した比抵抗値により色別表示する方法である。図には例として白黒でヒン岩帯におけるトンネル調査の結果を示す。

　この断面図の情報は地下水と地質の複合したものであり定性的判定にとどまるが、ボーリング・検層などと併せた検討により、滞水層の能力を含めた広範囲の水理地質構造が把握できる

第7章 環境モニタリング

表7-1 地下水調査の方法

項　目	目　　的	調　査　内　容
水文地質調査	地下水の容器としての地質構造、透水層不透水層の構造を把握する	（滞水層の構造調査） 　資料調査・地表踏査・弾性波探査・電気探査・ボーリング調査・孔内検層・水質調査
	滞水層の透水係数・貯留係数を評価し、水理学的方法により湧水量と集水範囲を予測する	（滞水層の能力調査） 　井戸の水位変化・揚水試験・湧水圧試験・注水試験・微流速試験・電気検層・トレーサ・透水試験 　　　　　　　　　　　　　　　　（室内・現場）
水収支調査	対象地域の水収支を求め、施工による地下水動態を予測する	降水量調査 河川流量調査 水位調査 蒸発散量調査
水文環境調査	地表水、地下水の水源としての能力および各水源の利用状況を把握し、施工による影響を予測する	（水源調査） 　湧水・河川・湖沼・貯水池・井戸・有効雨量の調査 （水利用調査） 　生活用水・工業農業用水・その他の用水の利用状況
事例調査	地山条件の類似した地域の既往の工事などを参考に検討する	近傍工事等の事例調査、類似トンネルの事例との比較検討

（出典：土木学会「トンネルにおける調査・計測の評価と利用」）

図7-1 トンネル調査における見掛比抵抗断面図

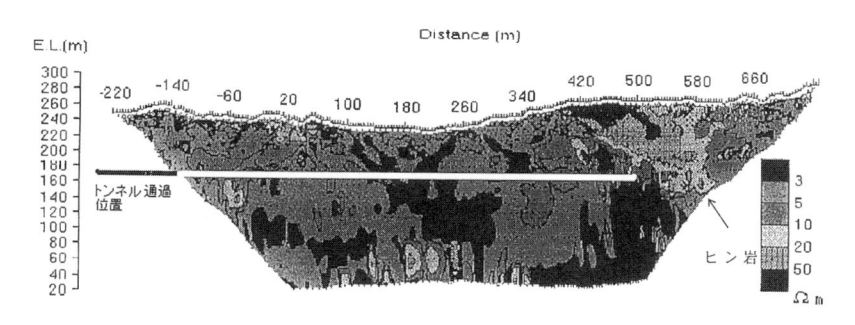

（出典：物理探査学会 1998「物理探査ハンドブック」手法編）

方法として有効である。各調査は、岩盤条件・トンネル規模・周辺の水利用状況等に応じた内容・位置・数量を十分に検討し、適切に実施することが望ましい。

7.1.2 地下水調査の問題点

　地下水と地表水それに降水量は深い関係にある。地下水調査では普通は井戸を掘って、この井戸の中の水位や流速さらに水質の変化を測定するが、変化が何を原因にして生じているかの説明がつきにくい。さらに地下水と地表水の関係を調べるために地表水の測定が行われるが、正確な測定のためには流域をせきとめる必要もあり、設備が大掛かりとなる。また天候との関係を把握するために長期の観測データを必要とする。このように地下水の調査は難しい。

7.2 水環境モニタリング

トンネルの水環境モニタリングは地表と坑内の両方で観測を行う。

地表部での水位観測と併せてトンネル坑内の地下水の排出量測定を行う。また地下水と地質を対比するために坑内観測を実施する。

7.2.1 地表観測計画

計画段階における地表観測は現状調査として必須のものであり、環境モニタリングの基本となるものである。地表水の流量は降水量に大きく影響を受けるので、降水量観測との関係で検討することが大切である。基準点での降水量観測は工事開始前から工事中そして工事完成後も継続して行わなければならない。降水量測定と並行しての地表水観測では、各測定点での時間誤差を少なくするためにできるだけオンラインで測定することが望ましい。Mトンネル工事で実施した測定法を下記に述べる。

① 山頂部で雨量計・温度計によって降水量と温度を自動計測する。
② 山頂付近の古井戸はこれまで枯れたことがないとの伝承に従い、この井戸で水位トランスジューサーにより、井戸水位の変動状況を自動計測する。
③ トンネルルート沿いにある4箇所のボーリング調査孔内に水位トランスジューサーを設置し、地下水位の変動状況を自動計測する。
④ 河川部に堰を設けて、この三角堰内の水位を水位計により測定し、河川流量の変動を自動計測する。
⑤ 降水量が多い時期に崖錐を通して湧水が認められる場所が数点あるので、これら湧水点近傍に集水堰を作り、湧水量を水位計により自動計測する。

(1) 地表部観測

各観測地点に観測計器・観測箱等を設置する。各観測地点まで、光ファイバーケーブルと電源ケーブルを敷設しデータ収集および電力供給を行う。ケーブル分岐位置には分配器を設置し、ケーブル終点位置には計測小屋を設置する。

自動計測をオンラインシステムで進めるには、観測地点において、センサーの測定データを観測箱内に格納したデータ収録装置に自動記録する。次に、記録したデータを一定時間間隔で光ファイバーケーブルを通じて観測小屋のパソコンに転送する。その後に、観測小屋から電話回線を通じて現場作業所へデータを転送する。

このモニタリングシステムのブロックダイアグラムを**図7-2**に示す。

次に各観測地点の状況と観測設備について観測項目ごとに分けて述べる。

① 降水量観測

山頂付近の固定点において、雨量計、温度計を用いて降水量と気温をオンラインシステムにより自動観測する。雨量計および雨量計設置台については事前調査と同じ物を用いるが、温度

計と観測箱をオンライン観測対応のものにする。

　降水量の測定には、転倒マス型雨量計（左右に同型の枡を中央部で支え、片方の枡が水で満たされると転倒して空になり、他方の枡に水が注入され始める。この転倒回数によって雨量を計測する。なお、降雪の可能性のある冬期には、不凍液を用いた入水器を接続する）を直上に樹枝の繁茂していない場所に設置して用いる。

　なお気温の測定にはひずみゲージ式変換器用の温度計を用いる。

② 井戸水位・地下水位観測

　地下水位はトンネルルート沿いの4本の観測井で測定する。観測井には水位トランスジューサーが設置されている。観測箱は、オンライン観測に対応したデータ収録装置を収納しておりオンラインで自動観測を行う。

　地下水位を測定する水位トランスジューサーは、測定した水圧を換算して水位を求めるものである。このトランスジューサーは、ある程度の幅の水位変動に対応するように、最大で1,020kPaの水圧まで測定可能なものを使用する。また、水位変動に対応するために、水位トランスジューサーのケーブル長さを長めに設定し設置深度を変更できるようにする。

③ 河川流量観測

　河川流量の観測は事前調査から継続している設備を原則として使用するが、工事にあたり追加することが多い。その場合には新設することとなる。

　事前調査の観測設備（パーシャルフリューム、三角堰、水位計など）がある地点では、オンライン観測対応のデータ収録装置を収納した観測箱を新たに設け、オンラインによる自動観測を行う。

　観測設備を新設する地点では、複断面堰および水位計、オンライン観測対応のデータ収録装置を収納した観測箱を設置しオンラインによる自動観測を行う。複断面堰は、三角堰と四角堰を複合したもので、三角堰では計測できない大流量の場合には四角堰の断面にて測定する。

　河川流量の測定では、流量の少ない地点においては三角堰を用い、ある程度の流量があるところではパーシャルフリュームまたは四角堰を用いる。パーシャルフリュームおよび三角堰による河川流量の測定方法を各々簡単に説明する。

　パーシャルフリュームによる測定では制流板により流れを安定させ、フロート式水位計により水位を計測する。計測した水位から式-7.1により流量を算定する。なお式-7.1の定数aは検定により事前に求められているが、現地状況によって誤差が大きいため、現地における水位と流量の関係（水位-流量曲線）から求める。

$$Q = a H^{1.53} \cdots\cdots\cdots\cdots 式\text{-}7.1 \qquad H：水位、Q：流量$$

　三角堰による測定ではパーシャルフリュームより少ない流れを計測することが可能である。通常は、90°の三角形の切り込みであるが、この切り込みの角度を90°より小さく（60°或いは30°）にすると、より細かい水位変化を測定することができる。パーシャルフリュームと同様の方法で、水位から式-7.2により流量を求める。

$$Q = a H^{2.5} \cdots\cdots\cdots\cdots 式\text{-}7.2 \qquad H：水位、Q：流量$$

第 7 章　環境モニタリング

図 7-2　モニタリングシステム：ブロックダイアグラム

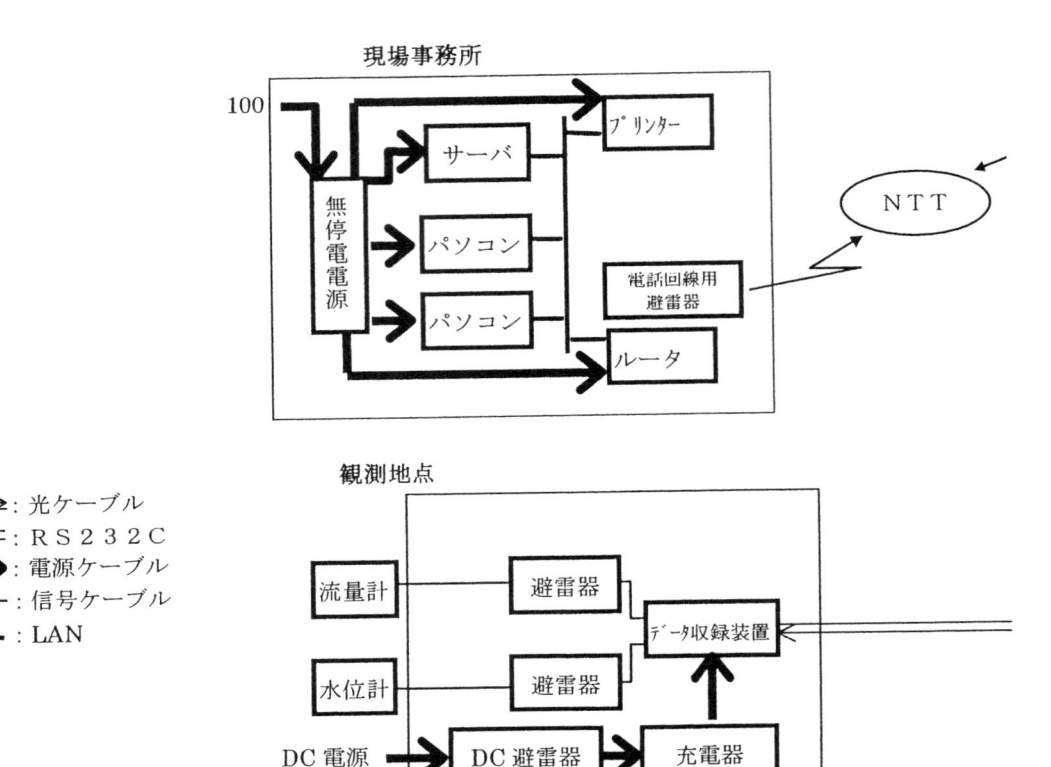

④　湧水量観測

　湧水量観測では、埋設型三角堰および水位計と観測箱を設置し、オンラインにより湧水量を自動観測する。なお、埋設型三角堰および水位計は、湧水地点の崖錐内に埋め込み、外観は自然状態に現状復旧する。

　測定方法としては湧水点近傍の崖錐中に埋設された三角堰に併設したフロート式水位計（磁歪センサー）により堰内の水位を計測する。湧水量は、測定開始の初期に湧水を計量容器に取って観測員が手動で計測した湧水量と埋設型三角堰で計測した水位の関係を比較した水位－流量曲線から求める。1地点で数箇所からの湧水がある場合には、それらをまとめて1箇所の三角堰で観測を行う。

7.2.2　坑内観測

　地下水変動の有無を判断するにあたっては、降水量等による補給量とトンネル湧水による排出量との量的なバランスを把握することが基本となる。

第7章 環境モニタリング

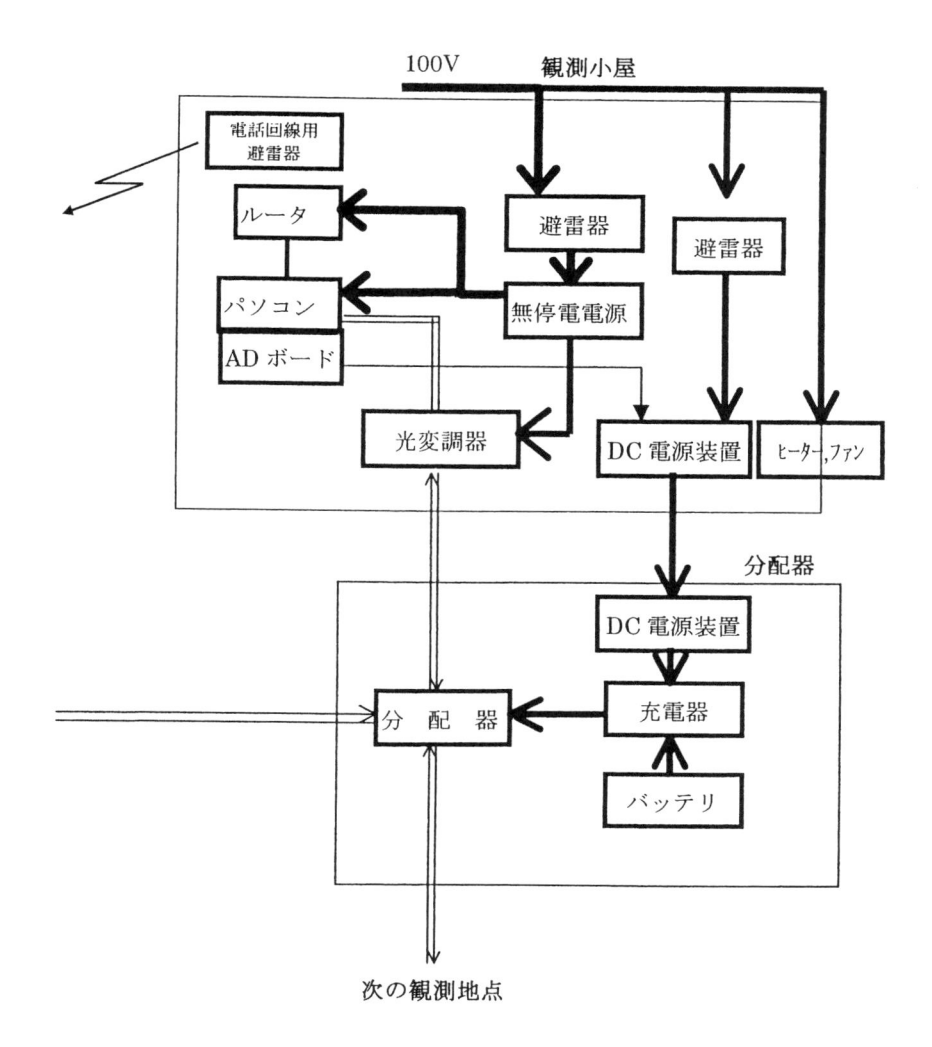

地表水文環境への影響が生じるかどうかを判断するためには、トンネル掘削時の各切羽について湧水量を把握する必要がある。切羽掘削時に湧水がなくとも、そのあと水みちの変化が生じ急激な湧水変動が生じる可能性があるから、切羽後方の湧水量の経時変化も監視しなければならない。これを区間湧水量測定という。区間湧水量を監視するとともに、地質構造との関係を確認しておくことも重要であるので坑内で地質観察を実施する。

(1) 坑内での湧水量測定

坑内での湧水量測定には切羽湧水量測定と区間湧水量測定の2方式があるが、双方ともに湧水量の経時変化を測定する必要があるため、オンラインによる自動観測を行う。観測データは測定地点から通信用ケーブルで坑口にある現場詰所のパソコンに送られる。そこからさらに回線で現場作業所内の観測データ管理・表示システムに送る。このデータは地表観測の河川流量や地下水位と併せて記録・表示され、地下水対策の必要性および地下水流失経路の判断等に用いる。

第7章　環境モニタリング

図7-3　坑内湧水量測定方法の概要

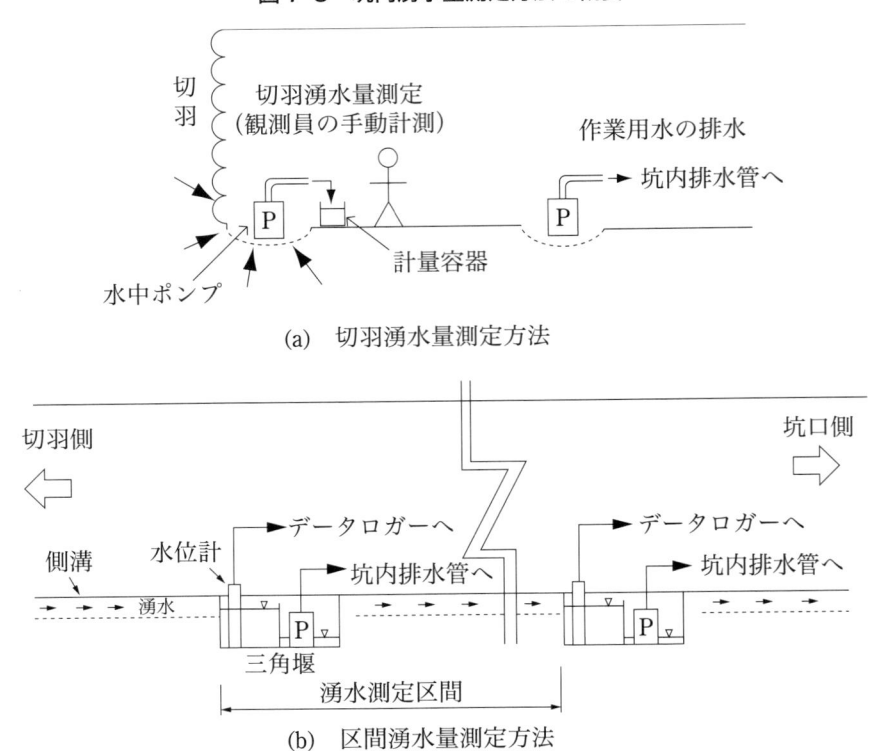

(a) 切羽湧水量測定方法

(b) 区間湧水量測定方法

① 切羽湧水量測定

切羽湧水量は図7-3(a)に示すように、各切羽の下部岩盤を掘り下げて釜場を設け、ここに水中ポンプを設け、ポンプ吐出口からの流量を計量容器により測定する。測定頻度は1切羽につき1回の頻度で行う。切羽で削孔作業中は釜場内に削岩機の冷却用に使う作業用水が流入し、正確な湧水量を測定できないから、作業用水を用いない時に測定する。

② 区間湧水量測定

測定は図7-3(b)に示すように、下半掘削底面の両側に設けた側溝に集水マスと三角堰を設置して行う。集水マス内の水を水中ポンプと横断管を通じて三角堰に送り、三角堰を通過する全体の湧水量を堰の水位計により測定する。

区間湧水量測定に用いる測定機器は三角堰・水位計・データロガー・測定用ケーブル・通信ケーブルであり各測定地点につき1台用意する。各地点の水位計の測定値は、坑内のデータロガーに記録されるとともに、通信ケーブルを通じて坑口の現地事務所のパソコンで収集される。同時に、電話回線を通じて現場作業所内の観測データ管理・表示システムに転送される。

ここで例として挙げているMトンネルの通過地点にはA、B2本の河川が流れている。A川流域については3つの支流（北支流、中支流、南支流）の手前で測定し、B川流域の2つの支流（北支流、南支流）では、各支流の手前に測定箇所を設ける。

上記の予定箇所に掘削切羽が達した時点で測定機器の設置を行い、湧水量測定を開始する。ただし、切羽付近では掘削のため重機械が動き廻るのに充分な作業スペースを必要とするから、

計測位置は切羽から最低 50m 離す必要がある。測定頻度は地表観測と同じ間隔で行う。

(2) 切羽地質観察

　トンネル工事の必須調査項目である切羽地質観察では、地質と分布、性状および切羽の自立性、岩盤の硬軟・割目の間隔とその卓越方向などの岩盤状態、断層の分布・走行・傾斜・粘土化の程度の把握、湧水箇所・湧水状況とその程度、軟弱層の分布等を調査し、地質状態と湧水量の関係を求める。

7.3 環境モニタリングデータ管理・表示システム

7.3.1 データ管理・表示システム

　本システムは、トンネル周辺の水文環境の保全を図るため、地表や坑内の計測データを集中的に収集・管理し、計測水位と掘削との関係を迅速に把握できるようにするものである。各観測点で収集された地表観測データは2箇所の観測小屋に収集され、坑内湧水量測定結果は別途に現地事務所内のパソコンに収集される。そしてこれらの全データは専用回線を通じて現場作業所のコンピュータに収集される。この収集された計測データを演算処理し、管理データベースに整理・蓄積することで、トンネル掘削に伴う周辺水文環境への影響が迅速に把握できる。このシステムは坑内湧水が出た場合の追加対策の必要性を的確に判断するのに有効である。利用形態としては、

① 各観測データのリアルタイムな監視と保存：
トンネル内および地表観測データのリアルタイムな把握による日常管理と警告機能
② 各観測地点と観測データの全体的把握と保存：
トンネル周辺の河川流量や水位と掘削位置・止水注入位置などとの位置的関係の把握
③ 各観測データの経時変化の把握と保存：
観測値の時間的推移による変化率、傾向を把握
④ 予測値との比較・差の推移把握と保存：
線形フィルター法、タンクモデル、水収支解析等による予測値との比較や差の推移を把握し保存
⑤ 異常時における各情報の分析：
地質状態・亀裂状態と施工データ、水文環境データを総合的に判断し分析
⑥ 図面、帳票類の出力：
日常管理のための帳票類、検討分析のための図面などの出力

などであり、トンネル施工と地表観測データの状況を色々な角度から検討・分析できるようにしている。

7.3.2 観測データ管理のための予測解析

トンネル掘削による影響の有無、程度の確認は、監視対象となる地下水位、河川流量、地表湧水量の「通常値」からの減少の程度により判断する。しかしながら観測値は、気象条件、特に降水量に影響を受け常に変動するため、一定の値を管理値として設定するのは困難である。そこで、降水量の変化を考慮した予測値を求め、これと観測値を比較することにより、トンネル掘削の影響評価を行う。トンネル掘削の影響の有無を判断するための日常管理には、実際の降水量の変化に対応した地下水位や流量の予測が可能な「線形フィルター法」と「タンクモデル」の2方法が用いられるが、両手法とも、過去の観測データから降水量と地下水位、河川流量などとの関係を求め、得られたモデルに降水量を入力することにより、降水の変動を考慮した予測値を求めるものである。いずれの手法も、実現象を簡略化したモデルに基づいており、ある程度の予測誤差が含まれることは避けられない。一方、トンネル掘削の影響が見られた場合、その原因を特定し、将来的な推移を予測することが、迅速かつ効果的な対策工を実施する上で重要であるが、「線形フィルター法」や「タンクモデル」では、トンネル掘削の影響が出た後の観測値の変化を予測することはできない。そこで、トンネル掘削の進行や地質の変化、坑内湧水量、止水対策範囲等をモデルに反映した「水収支解析」を必要に応じて実施し、対策工の必要性や規模・範囲の検討に役立てる。

以下に「線形フィルター法」、「タンクモデル」、「水収支解析」の具体的な内容について述べる。

(1) 線形フィルター法

河川水量や地下水位は降水があると遅れて増加し、降水がなくなると遅れて減少する。降水量と河川水位を長期にわたり観測すると、その関係はランダムな波形で表される。さらにその波形をフィルターにかけると一定の式で表すことができる。ここでは降水を$R(t)$、河川流量(水位でも同様な手法を適用可能)を$Q(t)$とおき、

$$Q(t) = F(\tau) \, conv \, R(t-\tau) \qquad 式-7.3$$

の関係が成立すると仮定する。ここで$F(\tau)$は単位雨量に対する流量の線形応答関数であり、convはコンボリューション(畳み重ね積分)を示す。すなわち、ある時刻の流量は、それ以前に降った個々の降水に対する応答を重ね合わせたものとして表現できるものとする。この方法によると、フィルター$F(t)$を求めることにより、降水の観測値から時々刻々の流量を計算することができる。

このようにして求められた計算流量($Q_{cal}(t)$)と実際の観測流量値($Q_{obs}(t)$)の差、

$$\triangle Q = \{Q_{cal}(t)\} - \{Q_{obs}(t)\} \qquad 式-7.4$$

あるいは、計算値から予測される流量の変化傾向と観測値の変化傾向の相違を掘削の影響評価の判断材料とする。本手法は、河川流量だけでなく、地下水位(水圧)、地表面湧水量にも適用可能である。後述のタンクモデルと同様、モデルパラメータ(本手法ではフィルター)を決定するためには長期間の観測データが必要である。

(2) タンクモデル

タンクモデルは、流域の流量や水位の経時変動を説明するモデルとして、菅原正巳が1972年に提案したものである。この方法は、流域をいくつかの流出孔を持つタンクで置き換え、降水量とタンクからの流出量でもって河川の流量を予測しようとするものである。すなわち、各タンク底面孔からの流出を浸透水、側面からの流出を表面流出水と考え、各タンクからの側面流出量の和を河川流量とみなす。

タンクモデル法は流出過程を考慮した細かなパラメータの設定が可能で、これまで流出解析に使用されてきた実績があるが、パラメータの決定は試行錯誤的な作業であり、解析には経験が必要である。

図7-4に「線形フィルター法」と「タンクモデル」による予測値計算の流れを示す。また、図7-5に、地下水位に対して「線形フィルター法」と「タンクモデル」の両手法で観測値の再現を試みた結果を示す。どちらも、観測値を完全に再現することはできないが、観測値の変動の特徴をよく捉えていて実用性が高い。

(3) 水収支解析

水収支解析の「水収支」とは、ある領域の水の出入り、すなわち供給量と流出量の収支状況を表す言葉である。自然状態では水収支は均衡しており、地下水位や河川流量はある範囲内で変動している。しかし、人為的な要因でこの均衡が崩れると、地下水位や河川流量が自然状態の変動範囲以上に低下する可能性がある。

環境モニタリングにおける水収支解析は、自然状態におけるトンネル周辺の水収支を把握し、万一観測値にトンネル掘削の影響がみられた場合には、将来的な影響の規模や範囲を予測するとともに、止水注入等の対策工の効果予測を行うことを目的として実施する。これらの結果は、対策工実施の必要性、範囲および実施時期の検討に反映される。

水収支の解析としては鉛直二次元地下水解析、準三次元浸透流解析や三次元有限要素法解析など種々のものが考えられるが、三次元有限要素法による地表水・地下水シミュレーションによる水収支解析を用いると解析精度は向上する。

この手法は、従来広く用いられている浸透流解析手法と地表水解析を融合したもので、地表水と地下水の両方を対象とした解析が可能である。地形や、地質・浸透域の分布、降水、トンネル形状、注入範囲等の諸条件を入力することにより、河川流量や地下水位の分布が計算される。トンネル掘削の影響が及ぶ以前の段階で、観測値と計算結果が一致するようなパラメータを求めておくことにより、自然状態の水収支状況を再現できるモデルが作成できる。この初期モデルに、先進ボーリングや切羽地質観察結果など、施工中に得られるデータを追加することによりモデルの精度が向上する。

水収支解析をトンネル掘削が一定距離進行するごとに実施すると、観測データに基づく水収支状況の把握が可能となる。観測値にトンネル掘削の影響がみられた時に、将来的な影響の広がりや程度を予測できることがこの解析の最も重要な用途であり、坑内地質や浸透域の分布、降

第7章　環境モニタリング

図 7-4　線形フィルター法およびタンクモデルによる流量・水位の予測手法関連図

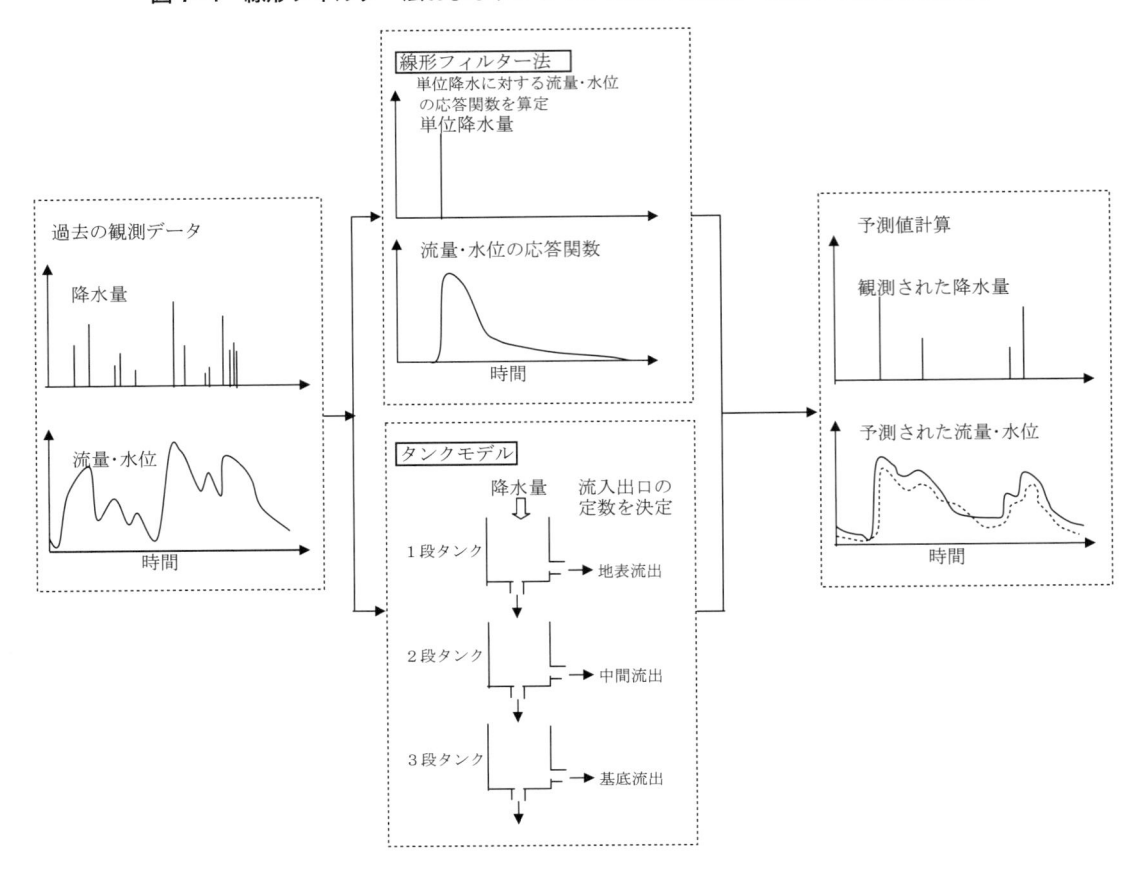

図 7-5　線形フィルター法およびタンクモデルによる予測値の比較例

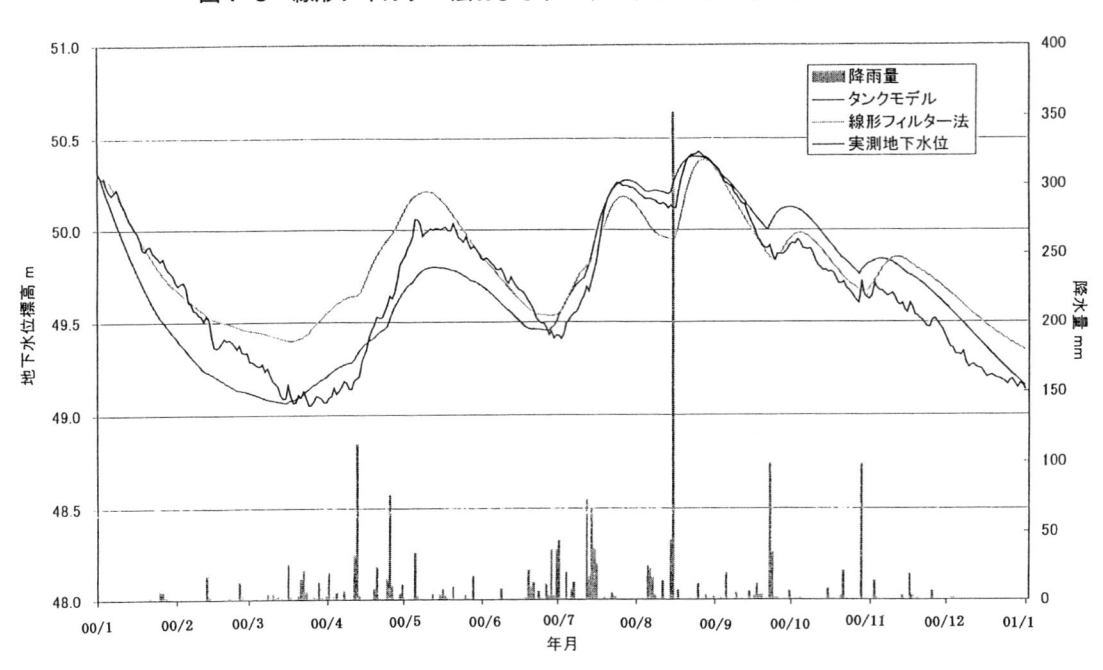

水データ、坑内湧水量などトンネル掘削に伴って蓄積されるデータを反映した水収支解析を行うと、地下水位や河川水量の変化が予測できる。また、対策工を講じた場合と講じない場合との比較、あるいは、対策工の規模や範囲の違いによる効果の比較解析などにより、対策工の必要性や実施規模・範囲の検討に有用な情報の提供が可能になる。

7.4 環境モニタリングの成果

7.4.1 線形フィルター法およびタンクモデル

　Mトンネル工事では自動オンライン観測の開始時期に合わせて、検討対象の2河川流域および地下水位の予測値を線形フィルター法とタンクモデルでそれぞれ事前に作成した。これらの予測曲線を管理基準として、実際の河川流量および地下水位変動の測定値に対比させて管理を行い、両者がよい関係を持つことを明らかにした。

7.4.2 水収支解析

　水収支解析では、トンネル掘削が2河川を通過する前までにそれぞれの流域を主対象としたモデル作成および解析を行った。これを日常管理体制である線形フィルター法とタンクモデルと対比することで、常時河川水位、地下水位、坑内湧水量を管理しながら工事が実施された。

　この結果、線形フィルター法およびタンクモデルがトンネルの湧水管理に有効であり、今後の水環境モニタリングの管理システムに適することが確認された。

7.4.3 水環境モニタリングの今後

　降水量と関連して変動する河川流量の解析にタンクモデルが有効なことは以前からよく知られていたが、トンネル掘削工事で実施された水環境モニタリングによりこの手法が地下水位観測にも有効なことが認められた。さらに線形フィルター法と水収支解析を加えることでその精度が向上することも確認された。タンクモデルおよび線形フィルター法ともに、数年間にわたる事前調査で得られた降水量と河川流出量ならびに地下水位観測データをもとに検証されて、予測解析のモデルが作られた。予測精度の向上はこのような事前調査の成果といえる。変動の多い事象を予測するには適用するモデルの選択が重要である。タンクモデルおよび線形フィルター法は、降水量と流出量ならびに地下水変位の予測に適用が可能である。今後観測例が増えれば予測手法としての効果がより期待できる。

参　考　文　献

1）土木学会：トンネルにおける調査・計測の評価と利用，1995版
2）物理探査学会：物理探査適用の手引き（とくに土木分野への利用），2000.3
3）P.A.ドミニコ他著/大西有三監訳：地下水の科学Ⅰ・Ⅱ・Ⅲ巻，土木工学社，1993
4）菅原正巳：流出解析法，共立出版，1972

5）大島洋志：トンネル掘削に伴う地下水問題，応用地質，Vol.38, No.5, pp.312-323
6）大島洋志：タンクモデルによる地下水位変動予測，鉄道総研報告，1992
7）駒田広也：飽和－不飽和土中の非定常浸透流解析，電力中央研究所報，No.377015, 1978
8）大津宏康：地盤の三次元弾塑性有限要素解析，pp.190-208，丸善，1995.3
9）土木学会：大規模地下空洞の情報化施工，1998
10）文村賢一・山本肇他：GISを用いたトンネル湧水渇水予測システムの開発，土木学会第13回トンネル工学研究発表会報告集，2003.11
11）鈴木誠・百田博宣他：準三次元浸透流解析による地表流出量と空洞湧水量の評価法，土木学会論文集 No.677/Ⅱ-55. pp.21-31, 2001.5
12）西岡敬治・大西有三他：トンネル工事における環境保全に配慮した地下水情報化施工，材料，Vol.52, No.5, pp.516-522, 2003.5

第8章 情報化施工から国土建設に向けて

　情報化施工は、工事（プロジェクト）における不確実なファクターをなくし、安全に良質な構造物を作りあげるための有効な作用をもたらす働きをするものである。

　構造物には多種様々な形状があるが、それを作る究極の目的はたいがいの場合人間の生命を守ることにある。住居はもちろんのこと、道路も鉄道も、また港湾施設も空港も、結局は人間が安全に、快適に生命を維持するために建設され、管理され、保持されるものである。

　そして構造物は供用期間すなわち完成後の長い間、その構造物の使命である人々に役立つ時代を過ごさなくてはならない。第3章で従来の情報化施工は設計・施工に限って使命を果たしており長い間の供用期間を無視していると述べ、また構造物は維持管理されることにより使命を果たすのであるが、その使命を乱すものに紛争や災害があると述べた。ここではその災害との関係を検討する。

　構造物が破壊にいたる大きな原因のひとつに戦争あるいは局地的な紛争があるが、第2次世界大戦後、憲法に定めて戦争を放棄したわが国では、最近では何やらキナクサイ感もあるが、戦争等、人為的理由による建物の崩壊は目下のところ、いちおう考慮の外に置いておくことができるだろう。四方を海に囲まれ、火山国であり、また台風の進路上にあるわが国では、構造物の崩壊原因の多くは自然災害である。

8.1　防災情報の取得

　前述したように、建設プロセスの中でいちばん長期にわたるのが維持・管理の段階であり、維持管理は構造物の使命をまっとうするのにもっとも重要なものである。プロジェクト指向情報化施工では、調査・設計・施工段階で収集された各種データを運用・維持管理に伝達し、この段階で有効に活用すると述べたが、加えて、運用・維持管理での外部条件を情報として取り込むことが必要である。

　外部条件を正確に取り込むと、例えば阪神・淡路大震災時を例に挙げれば、構造物の崩壊原因と地震の大きさ、揺れの卓越方向などとの関係がより正確に把握される。この大震災を契機に、防災科学技術研究所は、日本全国を25kmメッシュで区切った1,000ヶ所に強震計を設置し、そのわずか後には、自治省によって3,000の市町村に観測用地震計が設置され、その観測記録は気象庁に即時に送信されるようになった。ラジオ・テレビ等で報道される地震記録はこのデータによるので、近年、地震の発生回数が増えたように感じている読者もおられると思うが、発生回数が著しく増えたわけではなく、観測網が整備された結果、情報量が増えたのである。

　観測地点の増加に対応して、地震時の構造物の挙動もよりいっそう明らかにされるべきであるが、構造物の計測・観測の研究はあまり進んでいないのが現状である。4,000ヶ所に地震計が

第8章　情報化施工から国土建設に向けて

設置された段階で、構造物の精密な応力・変位・加速度等を計測する施設を4,000ヶ所指定して、ここで構造物の動的測定を実施すれば、よりよい避難計画のための基礎資料を集めることができるはずである。

8.1.1　自然災害

自然災害には大きく、地震、火山噴出、地滑り、洪水等があるが、どれも我々の生活に重大な被害をもたらす可能性が高いものである。

国土交通省の発表した資料によると、2001年度に公共土木施設が自然災害によって受けた被害は4,595億4,400万円にのぼる。このような被害を防ぎ、健全な国土を建設・保全するためには、自然災害の発生場所、頻度、規模等をよく知った上で建設に取り組むべきである。

古くから天変地異といわれるように、自然災害には、天候変動によるものと地殻の変動によるものとがあり、人間はこれらの変動の影響を受けながら暮らしている。科学が進歩し、天変地異は地球を取り巻く科学現象であることが明らかになった現代でも、いつ、どこに、どれくらいの規模でこれらの変動が発生するかは明らかにされていない。

8.1.2　地震

地震によって生じる変動には、断層等における地表面の大変位、地滑り、液状化による砂地盤の移動、海底地震による津波の発生などがあり、構造物の崩壊、焼失、水没を招き、動植物の生命を危機にさらす。

地震の被害は地震動の大きさに比例し、構造物の耐震強度や耐火性能に反比例する。過去の例から、断層周辺、急傾斜地、締め固めのゆるい砂地盤、リアス式など入り組んだ深い湾内の地震被害が大きいことが明らかになっているが、狭い平野部に人口が密集している日本では、いたる所が危険地域といえる。阪神・淡路大震災の教訓により、地震に対する防災意識が高まり、国の中央防災会議において、東海・東南海地震対策強化地域が指定され、被害予測、重要構造物の耐震補強や避難計画の具体的検討を急ぐように指示されている。

2003年9月10日、朝日新聞に「増え続ける震度6、測定に機械導入、広がる観測網」という記事が載った。それによれば《……震度6の地震は、1995年の阪神・淡路大震災以前は「烈震」と呼ばれ、3,769人の人命が失われた1948年の福井地震ほどの規模の地震はきわめて稀なものであった。それが、2003年7月26日の宮城県北部地震では1日に3回も記録された……阪神大震災当時に比べ、震度の観測場所が20倍以上になり、強い震度が観測できるようになった……》とある。前述した観測用地震計の設置が進んだ成果である。最近では、地震を体感してテレビをつけると、直前に起きた地震情報が流れており、これも観測用地震計増設の成果であるが、地震発生後10分以内に被害が発生したという阪神・淡路大震災の調査結果を見れば、発生以前の対策が重要であることは明らかである。武村雅之は「地震の総合博物館」を提案し、自治体の要請があれば、地震危険度マップなどもすぐに作れるようにすべきであると述べているが、地域ごとのハザードマップを作成し各家庭に配布すれば、地震直後に一時安全を保ち得た

人々は、次の対策をより容易に考えることができるようになるだろう。

　現在では、インターネットのホームページを丹念に調べていくとかなりの地震防災情報が入手可能であるが、これは目的意識を持って検索してはじめてできることであり、一般には他のメディアを使って目の前に情報を提供する必要がある。よりよい総合防災の仕組みを作りあげることは目下の急務であろう。

8.1.3　火山による被害

　火山活動と地震は一体となったものである。美しい山容を誇る多数の火山と、その山麓に豊富な湯量を持つ温泉は、我々日本人にとってかけがえのないものであるが、ひとたび火山活動が活発となると、その噴出物は人々の生活に大きな被害をもたらすことになる。

　米国地質調査所の記録では、1万人以上の被害者を出した噴火は過去に6回ある。インドネシアが3回で、1586年クルー噴火の10,000人、1815年タンボラ噴火の92,000人、1883年クラカトア噴火の36,000人。あと、1792年雲仙噴火の15,000人、1902年西インド諸島モンプレー噴火の29,000人、1985年コロンビアのネバドデルルイス噴火の23,000人である。

　わが国では、気象庁、大学その他の研究機関が活火山を監視、観測しているが、特に気象庁は、活動がさかんな29の活火山について常時観測を行っている。

　なお1993年、当時の文部省測地学審議会は、第5次火山噴火予知計画を発表し、86の活火山を「13の活動的で特に重点的に観測研究を行うべき火山」、「23の活動的火山および潜在的爆発力を有する火山」、「50のその他の火山」に分類している。

　さらに2003年1月21日に火山噴火予知連絡会が、噴火の可能性や予想規模に応じて3ランクに分けた「活火山リスト」を初めて発表した。これまで活火山の定義は「約2000年以内に噴火」との活動歴を基準にしていたが、これを「約1万年以内」に拡大し、「特に活動が活発な火山」Aランク13火山が指定された。Bランクは「常時観測が必要な36火山」で、この中には、現在防災会議で防災ハザードマップ作りが進められている富士山も含まれており、このランクでも危険度はかなり高いといえる。

　Cランク36火山は「活動度は低いが観測が必要な火山」であり、2000年以内に噴火歴のないものが主で、新たに活火山に認定されたものもすべてこのランクに含まれる。なお、A・Bランクに指定された活火山のうち、ハザードマップを作り、関係者に注意を呼びかけている地域は21あるが、観測・予知の体制が整っているところは少ない。

　東京都三宅島の全島民はいまだに避難生活を余儀なくされているが、溶岩流や噴石が終了しても亜硫酸ガスの噴出がつづいて、長期にわたり生活を困難にする火山活動に対する対策は進んでいるとはいえない。

　近年発生した雲仙普賢岳や北海道有珠山噴火の際の対策は、噴出物の除去、火砕流を影響の少ない場所に流下させるための導流堤や砂防ダムを将来に備えて建設しようとする試みであって、火山活動そのものを防止したり終了させたりする試みは今のところまだ見られない。

　目下の火山対策でいちばん評価できるのは早期予知であるが、これも地震予知同様まだあま

第8章　情報化施工から国土建設に向けて

り進んでいるとはいえない。

8.1.4　地滑りによる被害

地滑りは地盤運動の休止状態の後に起こるといわれる。それゆえ、雪解けや雨、少しの掘削、地震により刺激されて発生し、ときに急激な動きを起こし、ときに一度安定していた土地をゆっくりと滑動させる。

地滑りは近接する高速道路や鉄道に危険を与える。ときに地震や洪水に伴って、日本中いたる所に発生する。急激に起こる土石流も地滑りのひとつである。

防災科学技術研究所のホームページによれば、地滑りは次のように定義される。《地滑りは、山地や丘陵斜面の土や岩がまとまって斜面下方に滑り落ちる現象で、多くの場合、降雨、融雪、地下水の急激な増加、また地震などをきっかけに起こります。日本語で使われている「地滑り」は主として比較的ゆっくりと継続的に運動する現象をさす場合が多いです。英語のLand Slideは多少意味合いが違い運動速度が速く、より広い現象を包括します》

地滑り対策は、土砂の動きを止めるために不動の地盤と滑動している地盤の間に、杭やアンカー等を挿入して、滑動している地盤を動かないようにしたり、滑動している地盤を除去して動かなくしたりする。

わが国は平野部が少なく山岳部が多い地形である。このような地形では、山地が自然の風雨によって風化し、土砂となって流下してくる。土砂はある程度蓄積すると、急激な落下運動を起こす。これは地球のサイクルであり、国土が平滑になるまで繰り返される。

したがって、自然と調和しながら対策を講じるのが宿命であり、森林保護・緑化運動とバランスをとりながら実行するのがよい地滑り対策となる。

地滑り防災ネットワークが実規模で動いているのは、北陸高速自動車道や四国縦貫自動車道などで、危険地帯に地滑り計などを設置して自動計測を実施し、測定した変位データを管理事務所に送信するシステムが稼動している。地滑り変位計測法は、変位計を直接現地に設置する方法だけでなく間接的に自動追尾型トータルステーションで計測する方法も可能になり、広範囲の測定もできるようになった。

8.1.5　洪水

洪水対策は主として河川管理者により行われるため、一般の人々が現状を知る機会は少ない。近年、大規模な洪水はめったに起こらなくなっているが、台風や大雨による災害は毎年発生しており、1998年以降に10名以上の死者が出た災害は6件ある。

水害は日本全国にわたっており、約200の市町村が水害対策のハザードマップを公表している。また2003年度には国土交通省が「防災情報提供センター」を設け情報の一元化を目指している。

8.2 防災情報ネットワーク

　最近では、地震の揺れを感じると、テレビをつける人が多い。テレビでは「○○地方に震度○○の地震発生。津波の心配うんぬん」のテロップが流れる。これは、気象庁に集まったデータを基に公開された情報で、NHKだけでなく民放も特徴を持った情報公開をしている。また、多くの官庁、地方自治体もホームページ上で防災情報を公開しているが、国民の多くが望んでいるのは、いつ、どこに、どれほどの災害が発生するかという予知情報である。

　このような要望の高まりを受けて政府は、2002年7月に中央防災会議の中に「防災情報の共有化に関する専門調査会」の設置を決定し、戦略的、計画的な防災情報共有化の推進を3年以内に実用化する計画を立案した。しかしながら、予知に関してはいぜん多くの問題を残している。ここでいう「防災情報の共有化」では、災害発生後の避難や救命が中心であり、各種メディアを利用する事前対策は今も模索中というのが現状である。

　筆者は、2002年から早稲田大学研究会の一員として、東海地方のある町の地下に残存している亜炭廃坑の調査に参加したが、同町の地下には、充填・補強されていない廃坑が残っており、これが地震時には陥没等を起こし、危険な状態になることを確信した。多数のボーリングデータを基に廃坑の存在地域を推定、これにGISと航空写真を重ね合わせて比較した結果、陥没を起こす可能性の高い地域が判明したが、これを町民に知らせるかどうかは、町議会の決定に委ねられている。対策が講じられて安全が確認されていれば情報公開になんら支障はないが、危険が起こる可能性が高いというだけの情報を公開することが是であるか非であるか、おおいに議論すべきところである。

　防災情報ネットワーク作りでは、各種メディアによる情報公開にとどまらず、市町村レベルで各家庭にまで細かく情報が伝達されるようなネットワークを組み立てることが重要である。また危険情報を発信したまま放置するのでなく、必要な対策がとられ、所定の効果が発揮されるまでを含むべきである。例えば地震に関していえば、断層を除去することはできないが、その近くの重要構造物の移設等を視野に入れてネットワークを構築しなければいけない。移設にあたり生じる費用の出所については次章で検討する。

8.3　もうひとつの安全に向けて

8.3.1　日本経済復活論

　2003年8月、筆者は「日本経済復活論」を提唱する小野盛司の講演を聞く機会を得た。小野は、コンピュータシミュレーションより導きだされた推論として、財政を拡大すれば1～2年でデフレが克服され、数年後には好景気が訪れるとしている。そして、「財政健全化」という副産物まで生じる、と。また、その著作で、年間50兆円を5年間総計250兆円の財政拡大、内訳法人税減税20兆円、公共投資30兆円、を行い、「環境GDP＝環境保護の度合い×GDP」という指標で金の使い道をチェックすることを提言している。

第8章　情報化施工から国土建設に向けて

筆者は、この金を国民の安全のために使うことを提案したい。先に述べた「防災情報ネットワーク」の設定、防災対策、それと次に述べる日本海情報ハイウェイのための投資は次世代の財産となるものと確信するからである。

8.3.2　日本海情報ハイウェイ

図 8-1 を見てほしい。実線が現在完了あるいは着工中の高速道路網である。点線で示したのが日本海情報ハイウェイである。

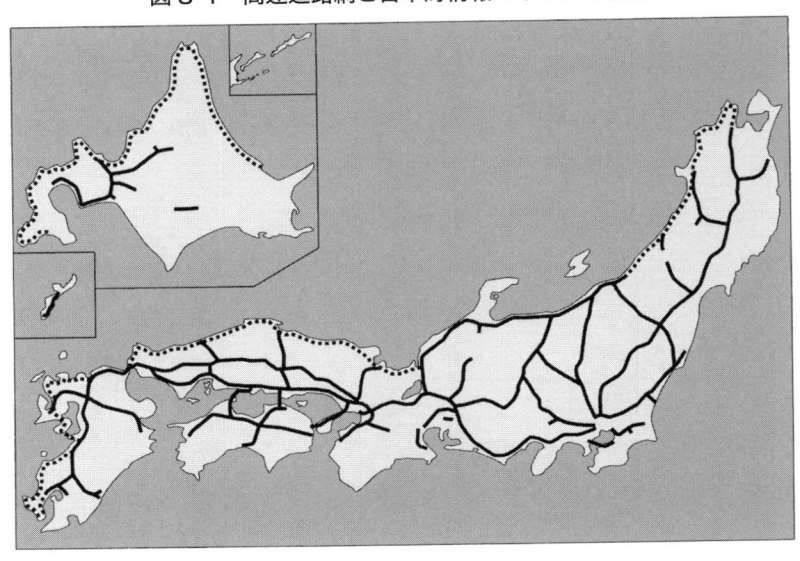

図 8-1　高速道路網と日本海情報ハイウェイ構想

「海上における人命の安全のための国際条約」（SOLAS 条約）に従い、全国港湾や漁港では、保安対策強化のために情報ネットワークの強化を計画している。日本海の主要港湾・漁港を結ぶには高速情報網が必要であり、相互に連絡をとることで連携が高められる。

高速道路が持っている道路管理用光ファイバー網を充実させ、安全管理用情報ネットワークを敷設するとともに日本海高速道路を建設し、さらに補助の海岸道路を整備拡充する。建設は、道路公団民営化議論は別にして、政府主導で実施し、従来のように部分着工ではなく全面着工とし、完成後は、風力あるいは太陽光発電により得られた電力を用いて、道路上から主要港湾・漁港に夜間照明を投光する。

小野の提案する財政拡大を、上記のような大計画に投じれば、わが国は災害や「拉致」事件に対し、より安全な国となるであろう。

最後に組織指向統合情報化施工のあり方を述べる。このような組織指向統合情報化施工を実施した企業は今後の建設崩壊の時代において必ずや生き残れると筆者は信じている。

参 考 文 献

1) 防災科学技術研究所　地震・火山防災研究室：K-NETPROJECT 強震データ・土質データ，平成 8 年以降各年度 CD-ROM 版

第8章　情報化施工から国土建設に向けて

2）大成建設㈱：強震計設置工事報告書，1996.3
3）山崎文雄：リアルタイム地震防災システムの現状と展望，土木学会論文集 577/I-41，1997
4）朝日新聞記事：2003年9月10日
5）武村雅之：関東大震災－大東京圏の揺れを知る，鹿島出版会，2003.8
6）米国地質調査所：Volcanoes ホームページ　http://volcanoes.usgs.gov
7）火山噴火予知連絡会：活火山リスト，毎日新聞記事，2003年1月21日他
8）気象庁：火山解説資料，気象庁ホームページ　http://www.jma.go.jp
9）中央防災会議：我が国の火山対策，内閣府防災情報のホームページ　http://www.bousai.go.jp
10）サイモン・ウインチェスター著 / 柴田裕之訳：クラカトアの大噴火，早川書房，2004.1
11）防災科学技術研究所：ホームページ　http://www.bosai.go.jp/jindex.html
12）斜面防災・環境対策技術総覧編集委員会：斜面防災・環境対策技術総覧，㈱産業技術サービスセンター，2004.2
13）日本建設情報総合センター：JACIC情報69，Vol.18，No.1，2003
14）小野盛司：これでいける日本経済復活論，ナビ出版，2003.8

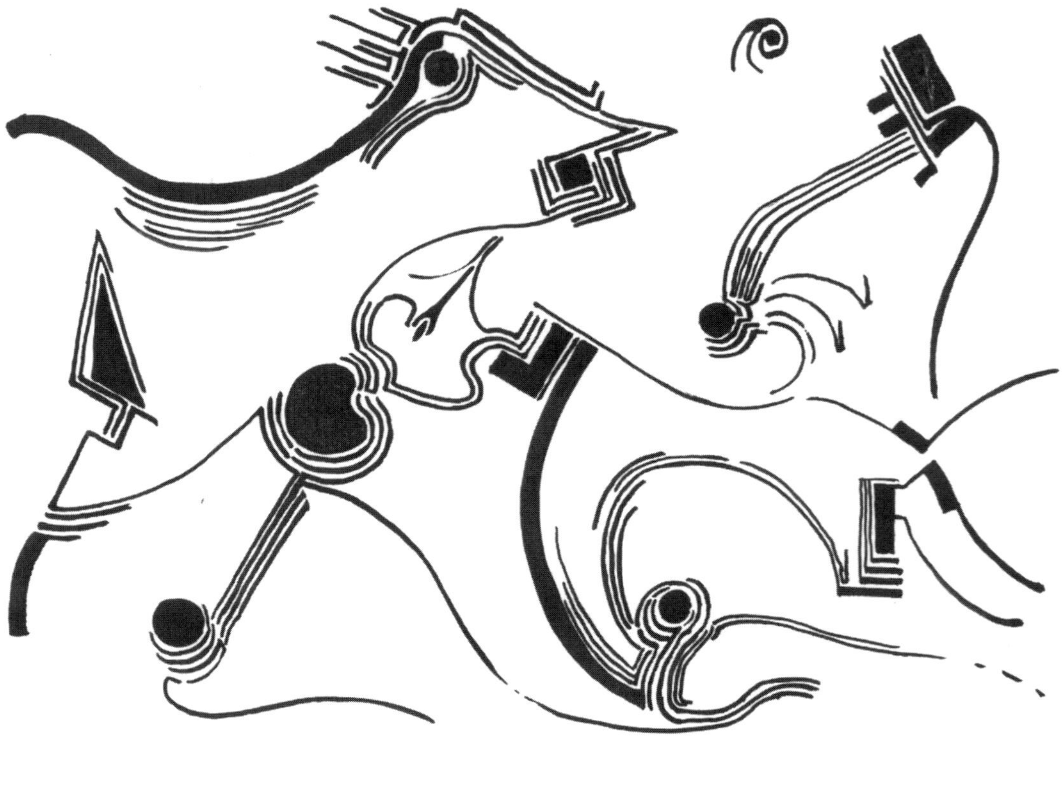

第9章　情報化マネジメント

情報化施工の考え方を詰めていくと、第3章に述べたように①建設プロセスの中で情報を生かしていこうとするプロジェクト指向の考え方と②建設プロジェクトで発生する情報を企業内で有効に生かし経営を合理化する役割に生かそうという組織指向の考え方に到達する。かくして第3章図3-6に示すプロジェクト指向の情報化施工と図3-5の組織指向の統合情報化施工の概念が成立した。

9.1　組　　織

建設の仕事は、生産の第一線が現場といわれる個々のプロジェクトサイトであり、ここに第一線の技術者が集まり、作業所という店舗を出店して生産活動を行う。このような作業所をたばねるのが、支店という地方のフランチャイズ組織であり、その支店を集約して作戦を企画・推進するのが本社というサポート組織である。

第一線の作業所は、人（技能員）・物（資材・機材）を使って構造物を作り上げるが、その過程で、労務管理・資材管理・機械管理・工程管理・安全管理・原価管理・施工情報管理を実施し、「よい構造物をできるだけ廉価に安全に作る」役割を担っている。

作業所は直接生産の場であるから、ここでの創意工夫がないと生産性の向上は図れない。また、ここから正確な情報が発信され、それが支店を経て本社まで伝達されないと作戦計画の立案が不可能である。しかしながら、従来はややもすると原価情報だけが個々の作業所の赤字・黒字見込みとして企業組織内を伝播し、労務や資材の情報は無視される傾向があった。まして施工情報、技術情報などは、工事報告書に記載されるだけで、あとはお蔵入りとなることが多かった。

統合情報化施工は、上記の傾向に歯止めをかけ、作業所で得られた情報を企業内の上流に還流させようとするものであるが、ごく一部の企業を除いて実施されていないのが現状である。

しかしながら、わが国でも始まった情報化の流れが、政府の主唱するe-Japan等の形で広まり、遅れている建設企業にも情報化を推進する動きが始まっている。

9.2　CALS/ECの活動

1995年5月に当時の建設省が「公共事業支援統合情報システム研究会」を設け、CALSを前提にした公共事業の執行プロセスを電子化し、建設産業全体のコスト削減、品質の向上と確保、効率化促進を図るべく活動を開始した。

1997年6月には、この構想を実現するために、「アクションプラン」を発表し、建設省が自ら

実現すべき行動プランを示した。このアクションプランはフェーズ1からフェーズ3までの3段階に分かれている。フェーズ1は1996年度から1998年度までであり、第一目標として着手されたのは「建設省全機関において電子データの受発信体制の構築」であった。また入札に関しては調達関連情報のホームページ掲載と調達情報に関するクリアリングハウスの構築が実行に移された。次のフェーズ2は1999年度から2001年度までで「一定規模の工事などに電子調達システム導入」を目標にこの間に電子調達システムの導入と資格審査申請のオンライン化を実現することであった。フェーズ3は2002年度から2004年度であり「建設省直轄事業の調査・計画・設計・施工監理に対するすべてのプロセスにおいて電子データ交換・共有・連携を実現する」ことが目標である。この間にCALS/EC地方展開アクションプログラムが決定されそのスケジュールに沿って現在は地方展開の活動が行われているが、この中には市町村における電子入札の実現が含まれている。

このCALS/EC（CALSの定義は当初コンピュータを利用した米軍の資材調達の意味に用いられたがその後変化した。1993年からCALSの非軍事分野への転用が始まり、「製品やシステムのライフサイクルの全過程を視野に入れた継続的な調達」をあらわす"Continuous Acquisition & Lifecycle Support"として用いられている。ECは"Electric Commerce"の略語である。この二つを合わせて［CALS/EC］で電子商取引の意味に使われている）運動の中から、公共工事の電子データ交換、電子入札制度と電子納品が実現しており、民間企業もそれに対処せざるをえない状況になった。特に、公共工事の電子入札が実施されたことは、民間企業の電子化に大きな影響を与え、より積極的な情報入手・伝達手法を整備する契機となった。

9.3　情報インフラ整備の拡大

2001年1月、政府はe-Japan戦略を発表し、5年以内に世界最先端のIT（Information Technology）国家となることを宣言した。これは、欧米やアジアの先進国と比較してわが国のITに対する注力度が遅れていることを認識し、また情報通信インフラの整備が遅れていては将来経済競争に勝ち残れないと判断したためである。少し長くなるが、e-Japan戦略要旨を下記に引用する。

> 我が国は、すべての国民が情報通信技術（IT）を積極的に活用し、その恩恵を最大限に享受できる知識創発型社会の実現に向け、早急に革命的かつ現実的な対応を行わなければならない。市場原理に基づき民間が最大限に活力を発揮できる環境を整備し、5年以内に世界最先端のIT国家となることを目指す。
>
> 基本理念
> 1．IT革命の歴史的意義
> 　（1）IT革命と知識創発型社会への移行
> 　　IT革命は産業革命に匹敵する歴史的大転換を社会にもたらす。ITの進歩により、知識の相互連鎖的な進化が高度な付加価値を生み出す知識創発型社会に移行する。

> (2) 新しい国家基盤の必要性
>
> 　　我が国が繁栄を維持して豊かな生活を実現するには、新しい社会にふさわしい法制度や情報通信インフラなどの国家基盤を早急に確立する必要がある。
>
> ２．各国のIT革命への取り組みと日本の遅れ
> (1) 各国のIT国家戦略への取り組み
>
> 　　知識創発のための環境整備が21世紀の各国の国際競争優位を決定するため、欧米・アジア諸国はIT基盤構築を国家戦略として集中的に進めようとしている。
>
> (2) 我が国のIT革命への取り組みの遅れ
>
> 　　我が国のインターネット利用の遅れの主要因は、地域通信市場の独占による高い通信料金、公正・活発な競争を妨げる規制の存在等、制度的な問題にある。
>
> **基本戦略**
> (1) 国家戦略の必要性
>
> 　　世界最先端のIT環境の実現等に向け、必要な制度改革や施策を5年間で緊急・集中的に実行するには、国家戦略を構築して国民全体で構想を共有することが重要である。
>
> 　　民間は自由で公正な競争を通じて様々な創意工夫を行い、政府は、市場が円滑に機能するような環境整備を迅速に行う。
>
> (2) 目指すべき社会
> 　　1．すべての国民が情報リテラシーを備え、豊富な知識と情報を交流し得る。
> 　　2．競争原理に基づき、常に多様で効率的な経済構造に向けた改革が推進される。
> 　　3．知識創発型社会の地球規模での発展に向けて積極的な国際貢献を行う。

　このようなe-Japanに示されるITのためのインフラ整備が進めば、安くて安全なネットワークを用いた情報化のよりよい進展が見込まれる。

9.4　標準化の進展

　インフラの整備とあわせて、各機関において技術の標準化が進められており一般の利用に供せられている。標準化とは簡単にいえば、従来いくつもの仕様があって使いにくかったものを同一の規格にして使いやすくすることである。例えば、同一のフロッピーディスクがA社のパソコンでは使えてB社のパソコンでは使えないというようなことをなくすために、規格・仕様を統一することである。

　日本では各業界団体それぞれの規格があるが、その上に位置するのがJIS（日本工業規格）であり、さらにその上に世界標準規格であるISO（国際標準規格）がある。

(1) CI-NET

　建設分野での標準化の中で特筆すべきもののひとつが建設業振興基金の開発しているCI-

NET (Construction Industry Network) である。この研究では、建設産業界の EDI (Electronic Data Interchange) すなわち電子データ交換をめざして標準化が進められている。建設標準の EDI が確立されると、異なる企業間で、取引帳票に相当するデータを通信回線を介して標準的なパソコンを用いてコンピュータ間で交換することが可能となり、電子商取引が容易になる。

CI-NET を利用した電子商取引は 2003 年に供用されている。

ここで CI-NET で標準化されている分野について簡単に解説する。CI-NET を利用すると、企業間で利用されている独自の帳票は「CI-NET 標準ビジネスプロトコル」に基づく標準データに置き換えられ、関係者間で情報交換される。またデータの伝送方法も標準ビジネスプロトコルに規定されているのでこれに従うことになる。CI-NET の基本的なデータの組み立て方は、日本情報処理開発協会産業情報化推進センター (JIPDEC CII) が作成したわが国の EDI 標準規約である CII シンタックスルールに準拠しており、他産業の EDI 標準と互換性が保たれている。

それでは「CI-NET 標準ビジネスプロトコル」とはどのようなものか見てみよう。このビジネスプロトコルは 4 つの規約から構成されている。

① 情報伝達規約(通信プロトコル)：自社所有のコンピュータもしくは端末が相手企業のシステムと接続するために互いに使用する通信回線の種別や、伝送制御手順などの取り決め。
② 情報表現規約：伝送するデータを双方のコンピュータが理解できるようにするための、メッセージフォーマット（帳票データの形式）やデータコードに関する取り決め。
③ 業務運用規約：ネットワークシステムの運用時間、障害対策などのシステム運用に関する取り決め。
④ 取引基本規約：EDI で行う取引業務を特定したり、責任の分担を明らかにするなどの基本的な取り決め。

その中で、標準化を一番具体的に表しているのが②情報表現規約である。ここで少し抜粋して示すと次のようになる。

電子商取引では見積・注文・納入・支払などの業務に分かれているが、たとえば見積では見積依頼に対して受注希望者が見積価格や見積条件などを回答する仕組みが決められている。

注文には確定注文情報と注文受け情報がある。確定注文情報には発注者が受注希望者に対して発注を行い契約を申し込むための件名・品名・納期・価格・納地などの注文要件が含まれている。受注希望者の承諾があれば契約が成立する。注文請け情報は、発注申し込みに対して受注希望者が承諾することを通知する情報である。

さらに納入・支払いなどの情報で一連の商取引が完結する。

この仕組みの中で、多数の資材も取引されるわけで、CI-NET が決めた資機材のコードを利用することができる。

このシステム利用によるメリットは入力作業の削減をはじめ連絡時間の短縮など、日常業務の生産性向上および情報化投資の効率向上にある。

(2) 建設ICカード

1992年より3ヵ年かけた官民共同の「建設ICカードによる施工情報システムの研究」成果を基に、1997年に建設業で共通に利用可能な「ICカードおよび関連機器」の標準化が実現した。これは、日本建設機械化協会JCMAS（Japan Construction Machinery Association Standard）が定めた「建設ICカード標準」である。

この規格には、建設ICカードの物理特性・機能仕様、リーダライタの機能仕様、アプリケーションインターフェース、通門装置の物理特性・機能仕様、車載ターミナルの仕様に加えて、データ記録標準が盛られている。データ記録標準には、建設業で必要とするすべての資格や技能講習の受講記録なども含まれており、広く利用しやすくなっている。

JCMAS標準の制定規格を**表9-1**に示す。

表9-1 JCMAS標準の制定規格

規 格 名 称		
建設標準ICカード	第1部	物理特性
	第2部	機能仕様
建設ICカード 通門ターミナル	第1部	物理特性
	第2部	機能仕様
	第3部	ユーザーインターフェース
建設ICカード 車載ターミナル	第1部	物理特性
	第2部	機能仕様
	第3部	ユーザーインターフェース
建設ICカードリーダライタの機能仕様		
建設ICカードリーダライタ共通アプリケーションインターフェース		
建設ICカードの記録データの表記方法		

この中で建設ICカードのデータ記録の表記方法を次に示す。
- JCMAS G003-1：1997 表記方法
- JIS：性別：国名：都道府県コード
- JCMAS：職種コード
- 建設資格技能コード
- 建設選任・指名コード
- 建設血液型・健康診断コード
- 建設業種コード
- 建設技能講習・特別教育コード

さらに建設ICカードを利用したシステムとして2つの分野を紹介する。

① 工事事務情報システム

第9章　情報化マネジメント

　工事事務情報システムは建設業従事者の建設現場への入退場管理および安全管理業務の効率化・合理化を目的としたシステムである。建設現場で仕事をするためには、1級土木施工管理技士資格や型枠組立てや玉がけなどの技能講習を受けた証明などの各種の免許・資格を証明する資料が必要である。またどのような仕事をしてきたかを示す経歴も必要である。特に新しい現場が始まるときには、このような記録を記載した新規入場アンケート用紙を提出して安全教育を受けてから仕事に着手することになる。建設ICカードは各個人ごとの建設に必要な種々の情報を保持できるようになっている。

　建設従事者は現場に入退出するときにこのカードを通門ゲートに通すことでその日の労働記録になる。他方現場事務所では出勤簿の作成や、資格保持者による作業配置や安全管理ができるようになるし、各種の提出書類の自動作成も可能になる。

② 機械管理システム

　建設の仕事は機械の利用なしでは不可能な分野となってきている。このような機械は運転免許を持った技能員により運転され、日ごとその日の稼働状況が記録されることになっている。ここで述べる機械管理システムとは建設機械の安全（運転資格）管理および稼働管理を行うシステムである。安全（運転資格）管理システムは建設機械の誤操作を防止するためのものである。現場内で機械を運転するには免許保持者の中で運転責任者を選任し、選任者として選択されている人はカードに登録される。建設機械を運転する時には、機械の車載ターミナルに選任者登録のカードを入れてそれからキーを操作するとエンジンが始動する。これにより他人の機械を運転することが防止され事故の軽減に有効である。

　稼働管理システムは北国の除雪機械において利用されているが、ICカードをエンジンの回転数と結びつけて利用するもので、エンジン回転数と時間記録から運転時間・走行距離・作業状況を求めるようにしたものである。

　これらは建設機械に車載ターミナルを搭載して記録される。

③ その他の利用分野
・　社員証としての利用
・　建設業退職金共済基金の共済手帳としての利用
・　監理技術者証としての利用
・　建設マイスター制度への適用
・　施工記録への適用

などが研究されている。

　このシステム導入のメリットとして、作業現場の安全性の向上、事務処理作業の合理化、建設作業の合理化など多くの点があげられる。

(3) 地理情報システム GIS（Geographical Information System）

1990年頃より、米国においてGISの研究が熱心に進められた。わが国においては、1995年の阪神・淡路大震災を契機に、政府はGISを用いた国土空間データ基盤の整備を始めた。その趣旨は次のようである。

> 平成7年1月の阪神・淡路大震災の反省等をきっかけに、政府において、GISに関する本格的な取組が始まった。その中核となる取組が、国土空間データ基盤の整備である。
>
> ハードウェア、ソフトウェアの低価格化が進み、簡易なGIS導入が可能になる一方で、地図データ等については、電子化されていない、データ仕様が異なり利用できない等の問題があり、GISを導入する主体が、各々整備する必要があり、社会的には二重、三重の投資となる等の問題があった。このため、GISの利用に必要な、国土に係る骨格的なデータを、国土空間データ基盤と位置付けて、道路、鉄道等と同様に、高度情報通信社会の社会基盤と考え、その整備を図っていく必要性が認識され始めた。
>
> （国土空間データ基盤とは）
> 国土空間データ基盤は、空間データのうち基盤的なものを指し、大きく3つの要素からなる。
> 第1に、空間データのうち、国土全体の地勢や行政界等の基盤的な地図データを「空間データ基盤」と呼ぶ。空間データ基盤については、その整備を着実に進めていくため、その項目を空間データ基盤標準として標準化した。
> 第2に、空間データ基盤に結びつけて利用される台帳、統計情報等のうち、公共的観点から基本的なものと考えられるデータを「基本空間データ」と呼ぶ。
> 最後に、航空写真や衛星画像等から作成される「デジタル画像」についても、GISにより利活用されることが期待されており、国土空間データ基盤と位置付けられている。
> 国土空間データ基盤は、国が新たに巨大なデータベースとして一元的に整備・提供するのではなく、国、地方公共団体及び民間が、各々整備している空間データのうち基盤的なものを、国土空間データ基盤としても定義し、各整備主体が、電子媒体やネットワークを通じてこれらを提供し、利用者は必要なデータを個別に入手し、重ね合わせて利用するものである。

（出典：地理情報システム関係省庁連絡会議「国土空間データ基盤標準及び整備計画（概要）」）

その後、2001年から2003年にかけて、官民共同による「地理情報標準の運用に関する研究」で、地理情報を異種システム間で相互に利用する際に必要な情報が伝達されるように、データの構造、記録方法、品質、所在、製品仕様等についての仕組みに関する取り決めがなされ、普及時にユーザーが混乱することなく利用できるような体制が整いつつある。

GISの基盤は、国土地理院が整備している数値地図であり、これを各研究者が利用して上記研究が行われている。GISの標準化により各ユーザーが独自に作成している施設等の重ね合わせ利用が可能となってきた。

9.5 企業内情報

大手建設業者を中心として情報システムの開発および情報機器の利用は続いており、年間の

第9章　情報化マネジメント

情報投資が100億円以上にのぼる企業もあった。現在開発されている情報システムには、①事務合理化システムとしての人事管理システム、経理財務システム等、②企業内での調達・入札システムおよび原価管理システム、③施工管理システムとしてのASP (Application Service Protocol) を利用した作業所での情報利用システムなどがあるが、その他のシステムも含め、ほとんど企業単独システムとして開発され、せいぜい企業グループ間での利用を図るだけであった。

一方、9.4節に示したように標準化を目標とした国の動きは急激であり、このような変革の時代に各企業が個別のシステムを単独開発する必要性はなくなったといえよう。出来合いのシステムを利用してその中に入れる各社のデータやノウハウを競う時代になってきたのである。

このような状勢の中で、企業として取り組むべき課題を検討してみる。

9.5.1　建設プロセスと企業の関わり

第1章において建設プロセスの時間軸での動きを検討したが、この建設プロセスと発注者・設計者・施工者との関係を調べてみる。**図9-1**は横軸に時間を、縦軸に各関係者が携わる時期と量を示している。

発注者が完成した構造物を自ら運用する場合には、すべてのプロセスに関わることになるが、途中で運用を委託すれば、その委託先が維持管理を担当する。

設計者は調査・設計と施工管理に携わるが、その後の出番は少ない。また施工者は、施工の段階では全精力をつぎ込むが、瑕疵担保の期間が過ぎると完成した構造物に関心を持たないのが従来であった。しかし実際には、長い運営・維持管理の時期を過ぎ解体・撤去の時まで構造物は継続して存在するのであるから、施工者もそのすべてのプロセスに適切に関わり、良好な

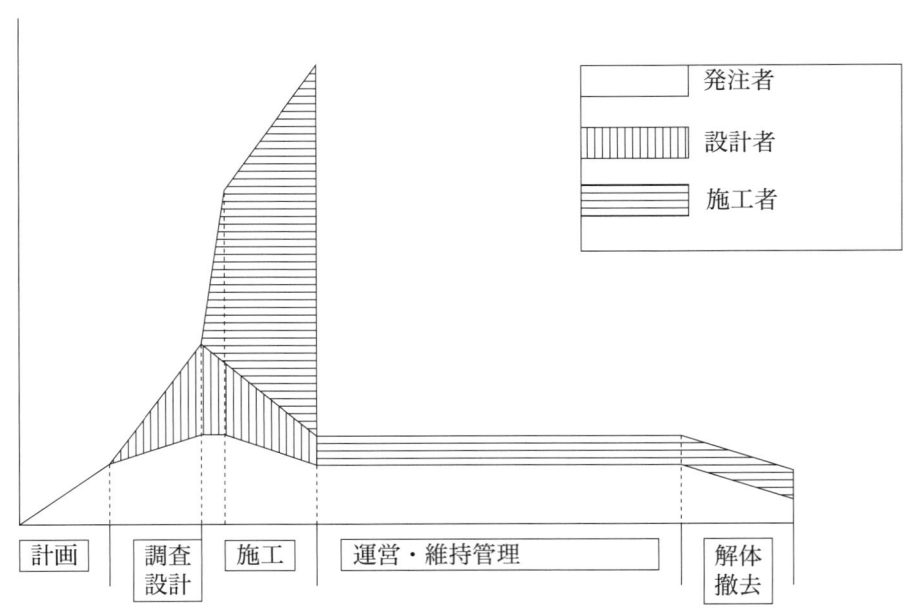

図9-1　建設ステージにおける関係者との関わり

第9章　情報化マネジメント

使用状態を保つ配慮が必要である。

9.5.2　プロジェクト指向情報化施工

　4章、5章で個別のプロジェクト指向情報化施工について述べた。しかし前節の構造物と関係者との関わりの図より、施工者も長期にわたる運用・維持管理の期間中、情報利用が必要なことがわかる。現在、一部企業を中心としてFM（ファシリテーズ・マネジメント：施設管理）の拡充が図られ、設計図書、工事金額、維持管理情報のデジタル化が進められている。このFMの動きは、資金（不動産である構造物）を証券化して売買することが可能となったことで拍車がかかったが、金銭に換算することはさておき、よい構造物を使いやすい状態で長く保存し、むだな費用を防ぐという観点からも必要である。

　設計で採用されたCAD図が、デジタル情報で施工者に渡され、完成図書がCAD図にレーヤーを替えて書かれ、さらに維持管理で利用されるようになると、情報の有効利用とともに構造物情報も利用しやすい形で残される。こう考えると、企業が多くの施工実績情報を持つことは、施工データという宝物を持っていることになる。

　しかしながら、データベースの作成や設計図書のCAD化など、維持管理を対象とした情報化施工システムの概念は整ってきたものの、具体的な技術内容は伴っていない。例えば鉄筋コンクリートの歴史は前述したようにたかだか100年くらいのものであり、構造物の耐久性研究は緒についたばかりである。耐久性の予測手法も試験利用の段階にすぎない。加えて、わが国では、災害リスクを必須条件として考える必要があるので、リスク検討も重要になってくる。企業の研究・開発は、建設そのものに関するものが多く、維持管理に関してはあまり積極的でないのが現状である。今後は、運用・維持管理に向けて中身の充実した研究・開発が推進されることを期待したい。

9.5.3　組織指向統合情報化施工

　一時期PMS（Project Management System）が海外で開発され、導入を検討した日本企業も多かったが、実現されたものは少ない。

　会計基準が米国並みに単年度になり、また時価評価会計になったことから、従来の経理システムの改変が行われている。経理システムを米国から導入するか、それが不可能なら、建設標準経理システムを㈶建設業振興基金などと共同で開発することを提案したい。

　米国は日本の建設費の高さを指摘しコスト縮減を提言しているが、共同開発により情報システム開発費が下がれば、建設原価も下がるはずである。共同開発したシステムを使い、各社独自のデータを入力すればそれは独自のシステムとなるわけであるから、効果はより大きなものとなるであろう。中小企業では、市販のパッケージソフトを使って経理処理をしているケースが多いが、このようなソフトも多いに利用すべきである。

　情報化マネジメントとは、正しくよい情報が、迅速かつ正確に、必要としているところに集まり、これが経営に生かされることである。

第9章　情報化マネジメント

参　考　文　献

1) 日本土木工業協会公共工事委員会編：建設 CALS/EC の実践，山海堂，1998.6
2) 鈴木明人・小谷勝昭他：土木分野における工事管理システムの研究，CALS Expo INTERNATIONAL 1997 論文集，1997.11
3) 高度情報通信ネットワーク社会推進戦略本部：IT 戦略本部ホームページ　http://www.kantei.go.jp/jp/singi/it2，2003
4) 全国建設業協会：未来を目指す建設業の情報化推進のために－生産性向上のための建設業情報化推進検討会報告書，1996
5) 建設工事情報化委員会：平成9年度 IC カード施工情報管理システム検討業務報告書，日本建設機械化協会，1998.3
6) 建設工事情報化委員会：平成10年度 IC カード施工情報システム普及促進検討業務報告書，日本建設機械化協会，1999.3
7) Aketo Suzuki et al：The Results of Data Carrier Technique in Information Integrated Construction, Proceedings of 9th ICCCBE, pp.1189-1194, 2002.4
8) 中村和郎・寄藤昂：地理情報システムを学ぶ，古今書院，1998.8
9) 地理情報システム関係省庁連絡会議ホームページ：国土空間データ基盤標準および整備計画（概要）http://www.mlit.go.jp/kokudokeikaku/gis/seifu/renraku.html
10) ㈶国土開発技術研究センター建築物耐久性技術普及委員会編：保全・耐久性向上技術の経済性評価手法，技報堂出版，1986.7
11) 土木学会：コンクリートライブラリー81　コンクリート構造物の維持管理指針（案），1995.10

索　　引

【A～Z】

CAD ……………………………………… 31,33,119
CALS ……………………………………………… 111
CALS/EC ……………………………………… 111,112
CI-NET ………………………………………… 113,114
CI-NET 標準ビジネスプロトコル ……………… 114
e-Japan ……………………………………… 111,112,113
EC ………………………………………………… 112
EDI ……………………………………………… 114
EDI 標準規約 …………………………………… 114
FEM（有限要素法） ……………………………… 50
FM（施設管理） ………………………………… 119
GIS …………………………………………… 107,117
GPS（Global Positioning System） …… 32,80,83,84
ISO（国際標準規格） …………………………… 113
IT（Information Technology）国家 ………… 112
IT 革命 …………………………………………… 112
JCMAS 標準 …………………………………… 115
JIS（日本工業規格） …………………………… 113
Land Slide ……………………………………… 106
NATM ……………………… 56,57,58,62,63,66,69,71,74
NATM 計測データ ………………………………… 70
NATM 情報化施工 …………………………… 71,74
NATM トンネル ………………………………… 32,56
PMS（Project Management System） ……… 119
Q 値（Q-System） ……………………………… 60
RMR（Rock Mass Rating）法 ………………… 60
SOLAS 条約 …………………………………… 108
URL ……………………………………………… 87

【ア行】

アクションプラン …………………………… 111,112
アーチアクション ………………………………… 60
圧密 ……………………………………………… 81
圧密沈下 ……………………………………… 79,84
アルフレッド・ノーベル ………………………… 55
アンカー …………………………………… 39,42,48,106
アンカー支保 ………………………………… 44,46
アンカー土圧計 ………………………………… 42
アンカー導入力 ………………………………… 51
安全管理 ………………………………………… 111
安全管理用情報ネットワーク ………………… 108
維持管理 ……………………………… 17,18,103,118,119

維持管理段階 ………………………………… 17,86
一軸圧縮強度 …………………………………… 25
一部欧州と日本の地質の比較 ………………… 29
移動式テレビカメラ …………………………… 81
井戸水位 ………………………………………… 92
岩を対象にした情報化施工 …………………… 55
インタクトな岩 ………………………………… 25,26
インターネット …………………………… 31,34,87,105
雨量計 …………………………………………… 92
雲仙普賢岳 …………………………………… 105
影響評価 ………………………………………… 98
英国規準 BS …………………………………… 22
衛星を利用したモニタリング ………………… 82
英仏海峡地質断面図 …………………………… 30
英仏海峡トンネル ……………………… 9,10,29,31
液状化 ………………………………………… 104
エキスパートシステム ……………………… 33,70
遠隔管理 ………………………………………… 78
遠隔モニタリング …………… 34,77,78,79,83,85,89
円形断面 ………………………………………… 63
円形トンネル …………………………………… 71
鉛直二次元地下水解析 ………………………… 99
応力 ……………………………………………… 57
応力-ひずみ関係 ………………………………… 62
大型機械 ………………………………………… 2
岡の方法（岡式） …………………………… 63,64,65
オークランドベイ橋 …………………………… 10
オブジェクト指向 …………………………… 32,33
温泉の湧出 ……………………………………… 90
温度計 …………………………………………… 92
オンライン ……………………… 92,93,94,95,101

【カ行】

解析手法 ………………………………………… 58
海底地質断面 …………………………………… 31
概略設計方法 …………………………………… 63
確定注文情報 ………………………………… 114
花崗岩 …………………………………………… 29
火砕流 ………………………………………… 105
火山活動 ……………………………………… 105
火山岩 …………………………………………… 29
火山地帯 ………………………………………… 77
火山噴火予知連絡会 ………………………… 105
火山噴出 ……………………………………… 104

索　　引

可視化方法 … 78
瑕疵担保 … 118
火成岩 … 27
河川の汚濁防止 … 78
河川管理者 … 106
河川流量 … 93,95,98,99,101
仮想支点法 … 41,48,52
画像モニタリング … 79
活火山リスト … 105
活動的火山 … 105
稼働管理システム … 116
簡易設計 … 63,64
環境アセスメント法 … 17
環境汚染防止 … 78
環境管理 … 81
環境条件 … 16
環境負荷 … 1
環境保護 … 3
環境保全 … 89
環境モニタリング … 89,92,97,99,101
間隙水 … 81
間隙水圧計 … 42,81,83
崖錐 … 92,94
岩石物性 … 70
観測井 … 93
観測施工 … 4,17,25,31,32,33,34,39
観測データ … 52,53,91,95,96,97
観測箱 … 93,94
観測網 … 103
観測用地震計 … 103,104
観測流量値 … 98
関東大震災 … 2,3
岩盤改良 … 62
岩盤自体が持つ強度 … 62
岩盤試料試験 … 68
岩盤すべり … 62
岩盤特性 … 62,70
岩盤の安定性 … 72
岩盤の強度 … 66
岩盤の破壊 … 72
岩盤の力学定数 … 63
岩盤分類 … 58,60,61,63
岩盤力学 … 5
管理基準 … 65,101
管理基準値 … 44,46,98
管理データベース … 33,34,97
気温 … 92

機械管理 … 111,116
機械掘削 … 73,74
企画段階 … 15
企業内情報 … 117
企業内調達・入札システム … 118
技術情報 … 111
技術データベース … 33,34
気象管理 … 81
気象計測 … 83
気象庁 … 105
技能講習 … 116
基本空間データ … 117
基本地質図 … 56
逆解析 … 33,42,45,47,48,50,51,52,53,65,70
急傾斜地 … 104
強震計 … 103
供用期間 … 103
切土 … 78,80
切土部 … 84,85
切羽地質観察 … 70,97,99
切羽の自立 … 62
切羽湧水量測定 … 95,96
切梁 … 48
切梁反力 … 41
亀裂 … 25,89,90,97
近接構造物 … 62
近接施工 … 32,34
杭 … 106
空間データ基盤 … 117
空洞の掘削過程 … 73
区間湧水量測定 … 95,96
掘削解放力 … 51
掘削側 … 48
掘削境界面 … 71
掘削順序 … 39,40
掘削断面 … 62
掘削方法と支保工の関係 … 74
グッドマン … 5
クラカトア噴火 … 105
クリアリングハウス … 112
グリーンタフ時代 … 29
クルー噴火 … 105
黒部川第4発電所 … 2
黒松内層 … 29
クーロンの式 … 49
計画段階 … 15
経済条件 … 16

計算流量	98	構造物情報	119
形状管理	80	構造物の破壊または劣化要因	18
計測A	67,68	構造物の崩壊	103,104
計測B	67,68,70	構造物のライフサイクル	9
計測管理	47,57	高速情報網	108
計測器設置場所の位置関係	78	交通情報	9
計測器配置図	67	工程管理	77,79,80,111
計測計画	42	高度情報通信社会	117
計測データ	68,69,70,97	坑内観察調査	67
経理財務システム	118	坑内観測	94
現位置試験	68	坑内弾性波速度測定	68
原価管理	111,118	坑内地質調査	73
減価償却資産	1	坑内での湧水量測定	95
原子力委員会	11	孔内湧水圧試験	90
原子力発電所	11,12,15,20	剛な支保工	74
原子炉立地審査指針	11	降伏基準	63
建設ICカード	115,116	高密度比抵抗電気探査	90
建設ICカード標準	115	高有機質土	26
建設業振興基金	113,119	国際岩の力学会議（ISRM）	5,6
建設標準	114	国土空間データ基盤	117
建設標準経理システム	119	国土交通省	106
建設プロセス	103,111,118	国土地理院	21,117
現地映像	81	国連環境開発会議（地球サミット）	16
現地状況管理	81	固定式傾斜計	42
現場透水試験	90	固定式テレビカメラ	81
現場モデル	79	コンクリート有効応力計	42
現場モニタリング	86	コンクリート劣化診断システム	33
コアブロック	78,80,81	コンサルタント業務	70
鋼アーチ支保工	55	コンピュータ	2,17,31,33,34,41,47
降雨量	80	コンボリューション（畳み重ね積分）	98
硬岩	61		
公共事業	87,111	**【サ行】**	
公共投資	2		
工業用テレビカメラ	77,81	災害リスク	119
航空写真	107	最終変位	70
工事管理の自動化システム	31,32,33	細粒土	26
工事記録	63	サウンディング	22
工事金額	119	砂岩	90
工事事務情報システム	115,116	砂層	90
工事の進捗状況	78,80	石灰岩	90
工事報告書	111	砂防ダム	105
向斜構造	90	サポート組織（本社）	111
降水	98,99	作用土圧	48,52
洪水	104,106	三角堰	92,93,94,96
降水量	92,98,101	山岳トンネル工法	74
鋼製切梁	39	三次元CAD	17,32,34,78,79
洪積層	11	三次元モデル	86
		三次元有限要素法解析	99

索　　引

ジオトモグラフィー	22
四角堰	93
磁気探査	23
資材管理	111
支持リング	57
地震	104,106
地震危険度マップ	104
地震探査	23
地震防災情報	105
地震予知	105
地滑り	6,104,106
自然環境の保護・保全	78,89
自然災害	18,19,104
自然情報	20
事前調査	90,101
事例調査	91
持続可能な社会	16
自治省	103
実際の土圧	41
自動車保有台数	20
自動追尾型トータルステーション	106
地盤	48,51,52
地盤工学会	53
地盤情報	21
地盤沈下	46
地盤バネ	48,51
地盤リスク評価	73
支保機構	53
支保工	39,55,56,62,68,70,71,73
支保剛性	73
支保工変位	72
支保特性曲線	72,73
支保パターン	60,62,70
支保部材	56,62,63,66,73
シミュレーション	80
締め固めのゆるい砂地盤	104
締め固め密度	79
社会条件	16
車載ターミナル	116
地山特性曲線	71,72,73,74
地山の安定性評価	71
地山変位測定	67
地山変化率	85
斜面	32
車両運行環境管理	79
褶曲	26,27
褶曲構造	68,90
集水堰	92
集水マス	96
柔軟な支保工	74
重要構造物の移設	107
従来工法	57
重力探査	23
出水事故	29
主働塑性範囲	48
受働塑性範囲	48
主働土圧	48,49
受働土圧	48,49
順解析	51,52
準三次元浸透流解析	99
上載荷重	80,84,85
常時観測	105
情報通信技術（IT）	112
情報化マネジメント	111,119
情報公開	81,87
情報伝達規約	114
情報の統合化	34
情報表現規約	114
情報リテラシー	112
初期応力	26,62,89
初期地圧	72
初期変位	70
新規入場アンケート用紙	116
人工知能技術	31
人事管理システム	118
新第三紀中新世	29
浸透水	99
浸透流解析手法	99
水圧	48
水位－流量曲線	93,94
水位計	83,93,94,96
水位トランスジューサー	92,93
水害	106
水質管理	81
数値解析	31,62,63,64
垂直応力	71
水没	104
水文環境	89,97
水文環境調査	90,91
水文地質調査	90,91
水理地質構造	90
図形処理システム	68
図形処理システムフロー	68,69
滑りの予知式	80

索　引

青函トンネル	3,9,10,29,31
静止衛星	81,85
静止土圧	48,49
制流板	93
堰	92
施工管理	44,46,57,118
施工者	118
施工状況管理	70,80
施工状況報告フロー	84
施工情報管理	111
施工段階	17
施工データ	119
施工のリスク	73
設計	32,56,57
設計者	118
設計段階	17
設計図書	17,119
設計変更	34,48,63,65,70
設計モデル	70
設定条件	52
節理	6,90
線形応答関数	98
線形弾性有限要素法	57
線形フィルター法	97,98,99,100,101
全国地質調査連合	28
潜在地質構造	23
線状構造物	60,66
先進ボーリング	99
浅層反射法	22
せん断応力	71
専用回線	97
早期予知	105
総合防災	105
挿入式傾斜計	42,80,81,83
側圧係数	49
側圧分布	41
測定データ	51,66,68
測定頻度	97
測定用ケーブル	96
側方変位	80
組織指向統合情報化施工	34,35,37,108,111,119
塑性化	49
塑性法	41

【タ行】

耐久性	18,56,119
第5次火山噴火予知計画	105
耐震補強	104
帯水層	90
堆積岩	27,28,29
堆積時に受けた応力	62
堆積盆地	22
大プロジェクトの時間経過	11
太平洋プレート	27
多孔質岩石	90
ダッチコーン貫入試験	22
タンクモデル	97,98,99,100,101
単純梁・連続梁モデル	48
弾性床上の梁	41
弾性波探査	56,58,90
弾性法	41
断層	6,27,29,56,90,104
弾塑性法	41,47
弾塑性モデル	48
タンボラ噴火	105
断面測量	84,85
地温探査	23
地殻の運動	62
地下水	13,46
地下水位	90,93,95,98,99,101
地下水位観測	89,93,101
地下水位変動	101
地下水調査	89,90,91
地下水の湧出	56
地下水流失経路	95
地球のサイクル	106
地形図	21,22
知識創発型社会	112
知識ベース	31,32,33,34,79,87
地質観察	95
地質縦断図	67
地質縦断面	66
地質図	21,22,28
地質断面図	21
地質調査	56,57,58,60
地質調査所	21
地図データ	117
地層線	84
地層線補正	84,85
地中変位測定	68
地表観測計画	92
地表観測データ	97
地表水解析	99
地表水観測	92

― 125 ―

索　引

地表水の減渇水	90
地表水文環境	95
地表踏査	56
地表面の大変位	104
地表湧水量	98
中央防災会議	104,107
中硬岩	61
中生代チョーク	29
注文受け情報	114
注水試験	90
調査段階	16
調整池	81
調達情報	9,112
チョークマール層	31
直下型地震	3
地理情報システム GIS	116
地理情報標準	117
沈下曲線	84,85
沈下計	81,83
沈下計測	80
沈降	26
津軽海峡	9,30
土被りが著しく大きい	60
土被りが小さい	60
土と岩の不確実性	32
土の転圧回数	79
土のまきだし厚さ	79
土を対象にした情報化施工	39
津波	104
抵抗土圧	41
出来形	77,80,84
出来形管理	79,80
デジタル画像	117
データ管理・表示システム	97
データ収録装置	92,93
データ処理フロー図	44,45
データベース	31,33,63,64,70,119
データロガー	96
鉄筋計	42
鉄筋コンクリート	119
鉄道関連機関	60
テルツアギー	4,17,39,41
テレビモニター	34
電気検層	90
電気探査	22,23,58,90
電子商取引	112,114
電子調達システム	112
電子データ交換	112,114
電子入札制度	112
電子納品	112
転倒マス型雨量計	93
天端沈下	67,68,69
電力中央研究所方式有限要素法解析	66
土圧	47,48,53
土圧計	41,42,83
土圧の発生	39,40
土圧分担幅	51
東海・東南海地震対策強化地域	104
等価節点荷重	51
動画像	77
東京湾横断道路	3
統計解析	70
統合情報化施工	111
当初設計	56,58,60
透水性	90
導流堤	105
土質材料	26
土質試験法	22
土石流	106
取引基本規約	114
土量管理	79,80
土量管理情報	80
土量計算	84
土量バランス	78
トンネル	55,60,89,90,92,98,99
トンネル掘削	55,57,89
トンネル計測システム	66
トンネル情報化施工	63,71
トンネル施工計画システム	33
トンネル設計	55,62,73
トンネルデータベース	68
トンネル標準工法	63,64
トンネル標準示方書	58
トンネルボーリングマシン	29

【ナ行】

内空変位	68,69,70
内空変位測定（計測）	67,68,71
内部摩擦角	51
軟岩	61
西インド諸島モンプレー噴火	105
二次元断面図	80
日常安全管理計測	42
日常管理体制	101

索　引

日本海高速道路	108
日本海情報ハイウェイ	108
日本建設機械化協会 JCMAS	115
日本統一土質分類	25,26
日本道路公団	60
根入れ部	39,41,47
ネットワーク	31
ネットワーク・コンピュータ	31
ネバドデルルイス噴火	105
粘性土	26
粘弾塑性解析	57
ノウハウ	31,32,33,79,118
法面（ノリメン）	78,80
法面安定管理	79,80,81
法面伸縮計	80,83

【ハ行】

廃坑	107
排水ドレーン	81
背面側	48
破砕岩脈	90
破砕帯	56
ハザードマップ	104,105,106
パーシャルフリューム	93
パッケージソフト	119
発生応力	66
発破掘削	73,74
バートン	60
腹起こし	41
パラメータ	99
梁‐バネモデル	47
反射法地震探査	22
阪神・淡路大震災	3,103,104,117
盤ぶくれ	44
被圧地下水	90
被害予測	104
光ファイバーケーブル	92
光ファイバーセンサー	32
光ファイバー網	108
ひずみ	27,57,68
ひずみゲージ式変換器	93
比抵抗値	90
避難計画	104
日比谷日活国際会館	4
ヒービング	47
氷河	28
標準化	113,114
標準工法	74
標準支保パターン	58,60,61,63,64,65
標準的設計	58
表土	79,80
表面流出水	99
フィードバック	17,32,34,46,56,57,68
フィリピンプレート	27
フィルター	98
風化	25,28,56
不確実なファクター	103
吹付コンクリート	55,56,68,72
複断面堰	93
富士山	105
普通土	79,80,85
覆工応力測定	67,68
覆工部材	70
物理検層	23
物理探査	22,23,52,58,90
不透水層	90
ブラジリア	10
プラットフォーム	34
古い岩盤	28,89
プレートの運動	28
不連続面	25,47
プロジェクト指向情報化施工	34,36,37,77,103,111,119
ブロックダイアグラム	92,94
フロート式水位計	93,94
分散型データベース	34
米国規準 ASTM	22
米国地質調査所	105
壁体を含んだすべり	42
壁面変位	71,72,73,74
壁面変位と岩盤特性	72
壁面摩擦角	51
ベニアフスキー	60
偏圧地形	62
変位計	106
変形許容量	57
変状管理システム	32
変成岩	27,28
ベーンせん断試験	22
ポアソン比	71
ボイリング	47
崩壊タイプ	42
防災科学技術研究所	103,106
防災情報	103,107

索　　引

防災情報提供センター…………………………… 106
防災情報ネットワーク…………………………… 107,108
防災情報の共有化に関する専門調査会………… 107
放射能探査………………………………………… 23
膨潤………………………………………………… 56
膨張性土圧………………………………………… 61
防水機構…………………………………………… 89
補強工……………………………………………… 70
北海道有珠山……………………………………… 105
ボーリング（調査）……………………… 23,56,58,90
本州四国連絡橋………………………………… 3,15,16
盆状構造…………………………………………… 90

【マ行】

埋設型三角堰……………………………………… 94
マグマ…………………………………………… 26,27
マネジメントデータベース……………………… 31
水環境……………………………………………… 89
水環境モニタリング………………………… 92,101
水収支………………………………………… 90,91,99
水収支解析……………………………… 97,98,99,101
水みち……………………………………………… 95
無人化施工……………………………………… 77,78
メンテナンス技術………………………………… 3
最上武雄…………………………………………… 4
モデル作成……………………………………… 86,87
モデルの可視化技術……………………………… 31
モデルパラメータ………………………………… 98
モニタリング………………… 32,79,81,89,92,94
森重の変形法（方法）…………… 45,48,50,51,52
盛立土量…………………………………………… 85
盛土…………………………………………… 78,80,84,85
盛土安定管理…………………………………… 79,81
盛土締固め………………………………………… 81
盛土重量…………………………………………… 84

【ヤ行】

山肩の拡張法……………………… 45,48,50,51,52
山留め……………………… 32,34,39,40,41,42,44,47,52
山留め計測………………………………………… 42
山留め情報化施工………………… 45,46,47,51,52
山留め設計法……………………………………… 41
山留め根切り工事………………………………… 39
山留めの大事故…………………………………… 53
山留めの崩壊……………………………………… 46
山留め部計測器配置断面図……………………… 43
山留め壁……………………………… 39,40,41,47,48,53

山はね……………………………………………… 61
柔らかい支保工…………………………………… 74
ヤング率……………………………………… 71,73
有限要素法……………… 45,47,48,51,52,57,60,63,66
湧水………………………………………………… 89
湧水地点………………………………………… 92,94
湧水量観測………………………………………… 94
湧水を伴う岩盤…………………………………… 62
ユーザインターフェイス………………………… 31
ユーラシアプレート……………………………… 27
ゆるみ……………………………………… 56,62,68,72
溶岩………………………………………………… 90
揚水試験…………………………………………… 90
予測解析……………………………… 42,47,48,98,101
予測曲線…………………………………………… 101
予測精度…………………………………………… 47
予知情報…………………………………………… 107

【ラ行】

ランキン・ラザール……………………………… 49
リアス式…………………………………………… 104
リアルタイム………………………………… 32,34
理想的な掘削……………………………………… 74
隆起………………………………………………… 26
流出解析…………………………………………… 99
流出過程…………………………………………… 99
理論解析……………………………………… 62,63
理論モデル………………………………………… 51,52
類似条件での設計…………………………… 58,60,62
礫岩………………………………………………… 90
礫層………………………………………………… 90
劣化メカニズム…………………………………… 20
労務管理…………………………………………… 111
ロータリーボーリング…………………………… 23
ロックボルト……………………………… 55,56,68,72
ロックボルト軸力測定……………………… 67,68
ロックボルト引抜試験…………………………… 68
露頭………………………………………………… 21
ローム……………………………………………… 85

あとがき

　我々が大成建設㈱で「情報化施工」の研究・開発を積極的に開始したのは1985年のことである。「情報化施工」は、土質工学の体系をまとめた米国のテルツアギーが「観測施工」(Observational Construction) という言葉で提唱した考え方、つまり、不確定要素の高い土や岩盤の計測・観測を構造物建設過程で繰り返し実施し、そのデータを設計にフィードバックさせる必要があるという思想の発展形である。「観測施工」は地盤の物性のみを対象にしているが、「情報化施工」はそれを一段進めて、建設現場に関係するすべてを対象とするものである。

　我々は、この「情報化施工」をさらに発展させ、計測・観測により集められた情報を設計・施工段階のみでなく、維持管理や企業経営に有効に利用することを目的とする研究をつづけ、「統合情報化施工」という名のもとに学会その他の機会に発表を行ってきた。この「統合情報化施工」の思想は、当時、情報統合に関する研究をさかんに進めていた米国スタンフォード大学のCIFE（Center for Integrated Facility Engineering）に派遣したスタッフからの情報、また、当時社内にあった夏季インターン制度により受け入れた米国の大学生・大学院生や外国籍社員への教育等を通して取り組んだ数々の研究、彼らとの討議などから生まれたものである。

　さらにこのようなコンセプトを議論するための場を海外に求め、積極的に英文の論文を発表し、海外の研究者と討論を重ね、確固たる理論を確立する努力をした。実務面においても、施工現場で開発技術を適用し成果をあげることができたことはスタッフ一同にとり大きな喜びであった。この時代は大型コンピュータからパーソナルコンピュータの利用に移行する時代でもあり、計算技術だけでなく、エキスパートシステムやデータベースの研究などが大きく進歩して、「統合情報化施工」が可能になる基盤があったことも幸いだった。

　現在、「統合情報化施工」の考え方はわが国の民間企業の間にしっかり根付いていると考えてよいであろう。また、国土交通省は、雲仙普賢岳の火砕流の防護工事で実施したような無人化施工に伴うデータ制御なども含めた広範囲な情報化施工を推奨する動きを示している。

　我々が発表してきた英文論文の中でコンセプトとしてよくまとまったものを選択してInformation Integrated Constructionとして別途論文集にまとめたが、英文だけでは読みにくいとの指摘を受けて、大きな分類ごとに日本文の発表原稿を後ろに解説として添付している。ただし、この解説はすべてが英文論文と対応しているわけではない。
　ここで論文の区分を簡単に紹介する。
①全体（エキスパートシステムや統合情報化施工概念）
②観測施工
③鉄筋コンクリートの耐久性算定手法

あとがき

④ICカードの利用研究
⑤自動化施工およびロボット
⑥プロジェクトマネジメント

　本書はこのような専門的な英文論文集とは違い、情報化施工および建設情報の利用について一般の人々にも理解してもらえるようにわかりやすく書いたものである。

　「統合情報化施工」は現在も発展をつづけ、各分野の技術は進歩しつづけている。これからも新しい技術が次々と生みだされていくことであろう。これについては今後も機会をみて発表していきたい。

　本書の執筆にあたっては、筆者が勤務してきた大成建設株式会社でのノウハウや技術を利用させていただいた。筆者が技術本部勤務中の上司である北村弘本部長ならびに葉山莞児本部長をはじめご指導いただいた方々にこの場を借りて衷心より感謝申し上げる。土木本部の三嶋希之本部長には研究成果を実用化する場を与えていただいた。深く感謝したい。

　また、早稲田大学理工学部の濱田政則教授、日本大学名誉教授で現在敦賀短期大学の佐久田昌昭学長のお二人には学術の分野でご指導をいただいている。厚く御礼申し上げるとともに、今後ともご鞭撻をお願いしたい。

　本書をこのような読みやすい形にまとめることができたのは、工学図書株式会社の笠原隆社長の尽力によるものであり、文章入力から校正まで担当してくれたのは翻訳家の鈴木久仁子氏である。お二人に感謝する。

　最後に、情報化施工をともに研究し論文を共同執筆した下記各位に心からの謝意を表したい。
　小山哲（現在、篠塚研究所）。青木俊彦（大成建設国際支店）。熊野隆喜（現在、大成ユーレック）。百崎和博（大成建設）。Kimura Takahiko（現在、Parsons Brinckerhoff）。大坂一（現在、ユニテック）。桜井宏（現在、北見工業大学）。鮎田耕一（北見工業大学）。佐伯昇（北海道大学）。藤田嘉男（北海道大学名誉教授）。藤波保夫・後藤英一・仲野孝一（元大成建設）。光岡宏（大成建設横浜支店）。山本幸司（名古屋工業大学）。畑久仁昭（東亜建設工業）。五十嵐善一（奥村組）。小谷勝昭（フジタ）。浅野晃二・山川英二（大日本土木）。佐沢秀紀（日本土木工業協会）。宮嶋俊明（鹿島建設）。荘野聡・森田隆三郎・横山敬紀・西沢修一・佐々木誠・城まゆみ（大成建設）。神崎正（現在、香川大学）。敬称略。
　これらの方々の英知が本書の基本となっていることをここに申し添えておく。

●著者略歴

鈴木明人（すずき・あけと）

・早稲田大学客員教授

・工学博士、技術士（建設部門・総合技術管理部門）

・土木学会特別上級技術者、日本建設機械化協会「建設工事情報化委員会」委員

1941 生まれ。1965 年早稲田大学第一理工学部資源工学科卒業。

同年大成建設㈱入社、技術研究所にて土質・トンネル・海洋の研究を担当。

横浜支店・高松支店瀬戸大橋工事・インドネシアでの海外建設等勤務を経て、

1985 年技術研究所情報化施工研究室室長、

1987 年生産技術開発部情報化施工開発室室長、1995 年土木技術部部長、

1997 年㈱大成情報システム取締役、2003 年顧問。

1999 年早稲田大学客員教授

【共著書】

総合安全工学研究会編：水中発破 pp.223-243, pp.344-346, 山海堂, 1984

土質工学会：現場計測計画の立て方　第 8 章 8.1, 1990

平間邦興・徳富準一編：土構造物をつくる新しい技術　6．3 章, 山海堂, 1994

濱田政則・鈴木明人他編著：情報化施工技術総覧　第 3 章第 1 節, 産業技術サービスセンター, 1998

濱田政則他編著：斜面防災・環境対策技術便総覧　第 1 章 1・2・3・5 節, 第 6 章 1・2 節, 産業技術サービスセンター, 2004

【発表論文】

A. Suzuki：Present Status and Prospects of Construction Control Systems in Japan, ICCCBE, 1995

K. Yamamoto, A. Suzuki et al：Developments in Japanese Construction Automation and Information Systems, ASCE, 1995　他多数

情報化施工入門

平成 16 年 7 月 22 日　　初版	
著　者	鈴　木　明　人
発行者	笠　原　　隆

発行所　　工学図書株式会社

〒102-0083　東京都千代田区麹町 2-6-3
電　話　03（3262）3772
ＦＡＸ　03（3261）0983
http://www.kougakutosho.co.jp

印刷所　　昭和情報プロセス株式会社

Ⓒ Aketo Suzuki 2004　　Printed in Japan

ISBN 4-7692-0462-0 C3052

☆定価はカバーに表示してあります。

ミース・ファン・デル・ローエの建築言語

The Architectural Language of MIES VAN DER ROHE

渡邊明次

工学図書株式会社

定価：本体1,800円（税別）